国家出版基金项目
NATIONAL PUBLICATION FOUNDATION

国家科技基础性工作专项项目
国家“十二五”重点出版物出版规划项目

中国农业气候资源图集

农业气象灾害卷

总主编　梅旭荣

主编　刘布春　霍治国　梅旭荣

浙江出版联合集团　浙江科学技术出版社

图书在版编目(CIP)数据

中国农业气候资源图集．农业气象灾害卷 / 梅旭荣总主编；刘布春，霍治国，梅旭荣主编．—杭州：浙江科学技术出版社，2015.10

ISBN 978-7-5341-6872-7

Ⅰ．①中… Ⅱ．①梅… ②刘… ③霍… Ⅲ．①农业气象—气候资源—中国—图集②农业气象灾害—中国—图集 Ⅳ．①S162.3-64

中国版本图书馆 CIP 数据核字(2015)第 185511 号

本图集中国国界线系按照中国地图出版社 1989 年出版的 1 ∶ 400 万《中华人民共和国地形图》绘制

书　　名　**中国农业气候资源图集・农业气象灾害卷**
总 主 编　梅旭荣
主　　编　刘布春　霍治国　梅旭荣

出版发行　**浙江科学技术出版社**
杭州市体育场路 347 号　邮政编码：310006
办公室电话：0571-85176593
销售部电话：0571-85176040
网　址：www.zkpress.com
E-mail：zkpress@zkpress.com
排　　版　杭州大漠照排印刷有限公司
印　　刷　浙江海虹彩色印务有限公司
经　　销　全国各地新华书店

开　　本　787×1092　1/8　**印　　张**　25.75
字　　数　660 000
版　　次　2015 年 10 月第 1 版　**印　　次**　2015 年 10 月第 1 次印刷
书　　号　ISBN 978-7-5341-6872-7　**定　　价**　400.00 元
审 图 号　GS(2015)2507 号

策划组稿　章建林　**责任编辑**　朱　园　李亚学
责任校对　赵　艳　**责任美编**　金　晖　**责任印务**　徐忠雷

《中国农业气候资源图集》编委会

《中国农业气候资源图集·农业气象灾害卷》编写人员

主 编 刘布春 霍治国 梅旭荣

副 主 编 刘 园 白文波

编写人员 （按姓氏笔画排序）

于彩霞 毛 飞 白 薇 白文波 刘 园 刘 玲 刘布春 刘荣花 许 娟 杨晓娟 张 蕾 武永峰 俄有浩 殷剑敏 梅旭荣 霍治国

贡献作者 王 健 杨 帆 吴 立

审 图 毛留喜 钱 拴

中国地理底图绘制 浙江省第一测绘院

数字制图 王利军 吴宏海 袁辉林

序 言

农作物生长发育离不开光、温、水、气等气候要素。农业气候要素的数量、质量及其时空组合为农作物生长发育提供了必不可少的能量和物质来源，并决定了农作物生长发育进程、生产布局、种植结构和种植制度。与此同时，人类在农作物遗传特性的改良利用、培肥施肥、节水灌溉、防灾减灾等领域的科学技术进步和规模应用，也促使农作物生长发育对气候资源的利用由被动适应转为主动利用，形成了具有明显区域特点的农业生产格局。

20 世纪 80 年代初，崔读昌等编制出版了《中国主要农作物气候资源图集》，比较全面地反映了 1951—1980 年 30 年间气候资源与作物生长发育的关系。20 世纪 80 年代以来，全球气候变暖呈现加快的趋势，气候变化已成为不争的事实，光、温、水、气等气候要素及其时空匹配状况发生了明显的变化，对作物的生长发育和产量形成产生了深刻影响，并显著改变了主要农业生态区的种植制度与种植模式。研究和掌握最近 30 年主要作物种植分区、种植制度和生育期状况，揭示不同时期农业气候资源区域分布及其变化特点，是合理利用农业气候资源，优化种植结构和种植制度布局，科学应对气候变化，提高农业生产力及防灾减灾和趋利避害能力，保障国家粮食安全的农业科技基础性工作。

2007 年，国家科技基础性工作专项“中国农业气候资源数字化图集编制”(项目编号：2007FY120100)获科技部立项资助。本项目在 1984 年编制出版的《中国主要农作物气候资源图集》基础上，选择水稻、小麦、玉米、棉花、大豆、柑橘、苹果和天然牧草为对象，以全国 740 个气象台站 1981—2010 年 30 年的气象数据为基础，整合农业气象试验站资料、灾情调研数据、主要作物生育期调研数据，整编形成了中国农业气候资源数据库(1981—2010 年)；建立了包括农业气候资源派生指标的生成方法、数据分级规范、数据空间化处理和图示化规范、制图质量控制规范、图集编制规范等在内的制图标准规范，采用 1：400 万国家基础地理信息底图，以 ArcGIS 为系统开发平台，构建了中国农业气候资源数字化制图系统；按主要农作物生育期、农业气候资源、作物光温资源、作物水分资源和农业气象灾害五大类专题内容，分别绘制了数字化样图，经样图校验和专家审阅，编制形成了中国农业气候资源数字化图集(1981—2010 年电子图库)。

中国农业气候资源数字化图集的编制，为我国的农业气候资源科学研究、农业生产布局决策和全社会知识普及提供了一个数据可更新、图幅可查阅的共享平台，也为今后针对不同的应用对象和目的编制专门的图集提供了数据、技术和平台支持。为了更好地普及有关知识，及时传播最新科研成果，指导我国现代农业发展，我们从中国农业气候资源数字化图集电子图库中精选了960余幅图，编制成1981—2010年30年“中国农业气候资源图集”系列图书，包括《中国农业气候资源图集·综合卷》《中国农业气候资源图集·作物光温资源卷》《中国农业气候资源图集·作物水分资源卷》《中国农业气候资源图集·农业气象灾害卷》，以及《中国主要农作物生育期图集》。

“中国农业气候资源图集”系列图书是在国家科技基础性工作专项、国家出版基金的资助下，以及中国农业科学院创新工程的支持下编制出版的，包含了几代农业气象科技工作者的心血，凝聚了国内有关单位科学家的智慧，是中国农业科学院农业环境与可持续发展研究所、农业资源与农业区划研究所、农田灌溉研究所、果树研究所、柑橘研究所，以及中国气象科学研究院、中国农业大学、中国科学院地理科学与资源研究所等项目参加单位精诚合作和协同创新的结晶。作物高效用水与抗灾减损国家工程实验室、农业部农业环境重点实验室和农业部旱作节水农业重点实验室对本书的出版提供了智力支持。国内有关院所和大学在作物生育期调查和图集校验过程中提供了无私的帮助。值此系列图集出版之际，谨向所有参加本项目的合作单位和个人表示衷心的感谢！特别感谢项目专家咨询组孙九林、马宗晋、李泽椿、周明煜、郑大玮、张维理等院士和专家对项目实施和系列图集编撰工作的指导。

本系列图集适用于从事农业气候资源利用及相关领域科研和教学人员查阅、共享和二次研发，也可供基层技术人员参考使用，为管理部门制定政策和指导生产提供依据。

由于中国农业气候资源数字化图集编制方面的研究目前还不够系统，我们虽然在图集编制过程中倾尽所能开展工作，但图集中出现各种遗漏和片面之处在所难免，殷切希望广大同仁和读者不吝赐教，给予批评指正，以便今后修订、完善，更好地促进农业气候资源的科学研究和成果共享。

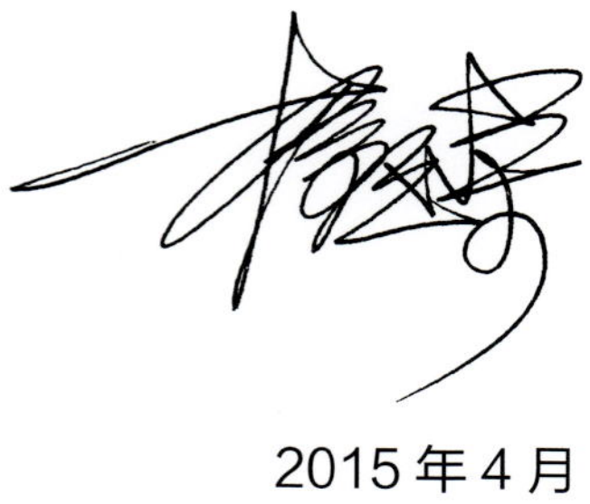

2015年4月

QIAN YAN

前 言

光、温、水等气候资源是农业生产必要的物质和能量来源，同时气候资源要素作为农业生产的环境条件，当超出农业生物适宜甚至耐受的范围而造成产量和经济损失时，就形成农业气象灾害。

受季风气候影响，我国是一个农业气象灾害频发的国家。气象灾害对农业造成的损失居所有自然灾害之首。20 世纪 80 年代以来，在全球气候变暖的背景下，农业气象灾害的发生规律相应地发生了变化，呈现出一些新特征。明确新时期农业气象灾害发生的时空分布，是开展农业气象灾害风险管理，实施“防、抗、避、减、救”农业防灾减灾措施的重要依据，对于保障国家粮食安全和生态安全具有深远而现实的意义。

《中国农业气候资源图集·农业气象灾害卷》依据农作物关键生育期干旱、高温、低温、干热风、寒害等主要农业气象灾害指标，编制了水稻（一季中稻、北方粳稻、双季早稻、双季晚稻）、小麦（春小麦、冬小麦）、玉米（春玉米、夏玉米）、大豆（春大豆、夏大豆）、香蕉、荔枝、龙眼等农作物主要农业气象灾害发生的频率和频次图；依据主要农作物和草原主要病虫害发生的气象条件指标，编制了水稻（双季早稻、双季晚稻、一季中稻）、小麦、玉米（春玉米、夏玉米）、北方大豆、棉花、草原等主要病虫害发生气象条件分布图，以期反映主要农作物的主要农业气象灾害和病虫害发生、发展的气象条件风险，明确其区域分布特征，为制定农业防灾减灾决策、处置农业灾害风险提供科学依据。

本图集的编制工作由中国农业科学院农业环境与可持续发展研究所组织，并与中国气象科学研究院共同承担，其中第 1—130 页的图由中国农业科学院农业环境与可持续发展研究所绘制，第 131—180 页的图由中国气象科学研究院绘制，具体由刘布春、霍治国、梅旭荣、刘园、白文波、毛飞、许娟、白薇、刘荣花、杨晓娟、刘玲、武永峰、于彩霞、张蕾、俄有浩、殷剑敏等编制完成。中国气象局国家气象中心毛留喜研究员、钱拴研究员对本图集进行了审阅并提出了修改意见。值此图集出版之际，谨向所有的合作单位以及提供帮助的专家一并致以衷心的感谢！

本图集可供农业防灾减灾决策管理部门、农业生产部门、农业科研和教学部门以及保险公司等机构人员参考使用。

本图集为首次编制，存在气象站点密度较低、农作物分布信息空间尺度过于宽泛等问题。虽然在编制的过程中我们倾尽所能开展工作，但难免存在不足和遗漏之处，殷切希望广大同仁和读者不吝赐教，给予批评指正，以便今后修订、完善，更好地为广大读者提供服务。

编 者

2015 年 7 月

一、编制目的

受季风气候影响，我国是一个农业气象灾害频发的国家。近几十年来，在气候变暖、农作物品种更替、种植结构调整、农作物时空布局变化等多种因素的影响下，农业气象灾害的发生规律、危害特征相应地发生了变化，呈现出一些新特征。因此，我们利用1981—2010年气象资料和农作物生育期资料，依据农业气象灾害指标与病虫害发生、发展气象条件指标等，遵循数字化制图规范，采用数字化绘图技术，绘制了1981—2010年我国主要农作物农业气象灾害发生频率、频次图以及病虫害发生气象条件分布图，编制了《中国农业气候资源图集·农业气象灾害卷》，以期为准确地掌握新时期农业气象灾害发生规律，为农业防灾减灾决策管理部门、农业生产部门、保险公司等机构开展农业气象灾害风险管理，实施灾害风险防范与风险转移措施提供科学参考，为相关科学研究与高等教育提供基础性资料。

二、资料和数据来源

《中国农业气候资源图集·农业气象灾害卷》的数据主要包括两类，一是农作物生育期数据，二是气象数据。

农作物生育期数据资料来源于全国2000多个县（市）的水稻、小麦、玉米、棉花、大豆等主要品种生育期调研资料，结合物候观测资料，按照时段相对一致、测定方法一致、数据表示方法一致的原则，根据每个调研点农作物各个生育期的起始日期和终止日期，计算起始和终止日期的中值，并以此作为本图集生育期日期。为保证资料的准确性，我们对重点地区及主要农作物生育期进行了核查，并邀请相关专家对整编资料进行了审查，最后形成了主要农作物生育期基础数据库。这些数据是规定制图过程中农作物地理分布及其生育期的主要依据。

气象数据资料来源于中国气象局地面气候资料日值数据集，涵盖全国740个气象台站共30年（1981—2010年）逐日气象资料，剔除缺测数据严重的站点和东部部分高山站点，最终保留684个气象台站资料（不包括我国香港特区、澳门特区、台湾省及南海诸岛资料）。其中，地理属性数据包括台站名称、站号、经度、纬度、海拔高度，逐日气象要素数据包括平均气温、最低气温、最高气温、日照时数、降水量、平均相对湿度、平均风速、最大风速等，每幅图具体气象站点的选择因农作物和灾害类型的分布区域而异。针对干旱、高温、低温等农业气象灾害，水稻（一季中稻、双季早稻、双季晚稻）、春小麦、冬小麦、玉米（春玉米、夏玉米）、大豆（春大豆、夏大豆）的分布区域分别覆盖 281、335、532、609、604个站点。针对病虫害，双季稻（双季早稻和双季晚稻）、一季中稻、冬小麦、春玉米、夏玉米、北方大豆、棉花、草原的分布区域分别覆盖 179、397、375（小麦病菌越夏时站点为 425 个）、531、260、254、300、189 个站点。

三、数据整编及绘图

频次是指单位时间某事件发生的次数；频率是指某一事件发生的次数占总事件的比例或百分比。本图集为了反映 1981—2010 年 30 年中灾害实际发生的次数，所有频次以 30 年为单位时间；为反映灾害多少年一遇或不同年代尺度（10 年、30 年、50 年、100 年等）可能发生的灾害次数，所有频率以 1981—2010 年灾害发生次数与 30 年的商的百分数表示。

1981—2010 年主要农作物农业气象灾害发生的频次、频率和农作物病虫害气象条件发生的结果采用 Matlab 软件，运用不同农作物关键生育期内对应的农业气象灾害或病虫害发生气象条件指标，通过对农作物各分布站点气象要素值的计算得到。值得说明的是，这一计算过程只考虑了农作物及其生育期地理分布的差异，未考虑农作物和生育期分布的年际变化。主要原因有两个方面：一是本项成果是在各站点主要农作物生育期相对宽泛和稳定的条件下重点关注的，考虑以致灾因子为重点的农业气象灾害和病虫害发生风险；二是考虑到 30 年历年每个站点所代表的县域种植的主要农作物变化不大。

空间分布图的绘制采用 ArcGIS 软件的反距离权重插值方法，对研究区域内单站的农业气象灾害发生频次、频率以及病虫害发生气象条件的计算结果进行空间插值。

四、图集的应用

依据本图集，首先可以直接查找各地水稻（一季中稻、双季早稻、双季晚稻）、小麦（春小麦、冬小麦）、玉米（夏玉米、春玉米）、大豆（春大豆、夏大豆）不同生育期主要农业气象灾害（包括干旱、低温、高温、干热风、寒露风等）的频率和频次。第二，可以直接查找华南香蕉、华南荔枝、华南龙眼寒害发生的频率。第三，可以直接查找水稻（一季中稻、双季早稻、双季晚稻）、小麦、玉米（春玉米、夏玉米）、北方大豆、棉花、草原的主要病虫害发生气象条件的分布。第四，可以了解过去 30 年我国主要农作物和华南热带水果的主要农业气象灾害发生的风险大小以及主要农作物病虫害发生的风险大小。第五，可以了解各种农业气象灾害和病虫害高、低风险区域的分布情况。最后，应用本图集可以为农作物布局、抗逆性品种使用、种植制度调整、减灾技术措施实施、灾害风险转移、灾害政策补偿等方案的制定提供科技支撑。

五、制图指标说明

本图集中主要农作物不同生育期的不同等级和类型的农业气象灾害指标引自国家标准或气象行业标准。按农作物分类，主要农业气象灾害指标类型如下(具体指标详见表1—表9)：

(1)一季中稻：薄膜育秧期高温、抽穗开花期低温、抽穗开花期高温、灌浆结实期高温。

(2)北方粳稻：孕穗期障碍型冷害、抽穗开花期障碍型冷害。

(3)南方一季中粳稻、一季中籼稻：孕穗期障碍型冷害。

(4)南方双季晚粳稻、双季晚籼稻：抽穗开花期障碍型冷害。

(5)双季早稻：育秧期低温阴雨、育秧期高温、5月低温、抽穗开花期高温、灌浆结实期高温。

(6)双季晚稻：育秧期高温、抽穗开花期高温、寒露风(湿冷型、干冷型)。

(7)春小麦：拔节期干旱、播种期—成熟期干旱、干热风。

(8)冬小麦：分蘖期高温、越冬期冻害、越冬期高温、拔节期干旱、灌浆结实期高温、干热风。

(9)春玉米：延迟型冷害、霜冻、高温烧苗、开花期高温、灌浆结实期高温。

(10)夏玉米：开花期高温。

(11)春大豆、夏大豆：灌浆结实期干旱。

(12)华南香蕉：寒害。

(13)华南荔枝：寒害。

(14)华南龙眼：寒害。

本图集中主要农作物病虫害气象条件的指标来自于中国农业科学院植物保护研究所编写出版的《中国农作物病虫害》，草原蝗虫气象条件的指标来自于相关学术论文。按农作物分类，主要病虫害发生气象条件指标类型如下(具体指标详见表10)：

(1)水稻：稻飞虱越冬。

(2)双季早稻：稻瘟病发生、三化螟发生、二化螟螟卵孵化、二化螟幼虫发育、稻飞虱田间发生、稻飞虱迁入。

(3)双季晚稻：稻瘟病发生、稻瘟病低温诱发、三化螟发生、二化螟螟卵孵化、二化螟幼虫发育、稻飞虱田间发生、稻飞虱迁入。

(4)一季中稻：稻瘟病发生、稻瘟病低温诱发、三化螟发生、二化螟螟卵孵化、二化螟幼虫发育、稻飞虱田间发生、稻飞虱迁入。

(5)小麦：条锈病越夏、条锈病越冬、条锈病关键期发生、赤霉病发生、白粉病越夏、白粉病关键期发生、麦蚜关键期发生。

(6)春玉米：玉米螟发生。

(7)夏玉米：玉米螟发生。

(8)大豆：食心虫发生。

(9)棉花：枯萎病发生、黄萎病发生、棉铃虫发生。

(10)草原：蝗虫发生。

表 1　农业气象灾害指标说明——一季中稻、北方粳稻、南方水稻灾害指标

序号	灾害种类	生育期	指　标	依　据
1	一季中稻薄膜育秧期高温	4—5 月	日最高气温≥26℃	国家标准：GB/T 21985—2008《主要农作物高温危害温度指标》
2	一季中稻抽穗开花期高温(指标 1)	8 月	日最高气温≥35℃天数持续 3d 及 3d 以上	
3	一季中稻抽穗开花期高温(指标 2)		日平均气温≥30℃天数持续 3d 及 3d 以上	
4	一季中稻灌浆结实期高温	7 月	日平均气温≥28℃	
5	一季中稻抽穗开花期低温	8 月	日平均气温≤22℃天数持续 3d 或 3d 以上	国家标准：GB/T 27959—2011《南方水稻、油菜和柑橘低温灾害》
6	北方粳稻孕穗期障碍型冷害	6 月 20 日—7 月 10 日	日平均气温＜17℃天数持续 2d 以上	气象行业标准：QX/T 101—2009《水稻、玉米冷害等级》(参考中度以上灾害等级指标)
7	北方粳稻抽穗开花期障碍型冷害	7 月 20 日—8 月 10 日	日平均气温＜19℃天数持续 2d 以上	
8	南方一季中粳稻孕穗期障碍型冷害	8 月上旬	日最低气温≤15℃天数持续 3d 及 3d 以上	
9	南方一季中籼稻孕穗期障碍型冷害	7 月中下旬	日最低气温≤17℃天数持续 3d 及 3d 以上	
10	南方双季晚粳稻抽穗开花期障碍型冷害	9 月中下旬	日平均气温≤20℃天数持续 5d 及 5d 以上	
11	南方双季晚籼稻抽穗开花期障碍型冷害	9 月上旬	日平均气温≤22℃天数持续 5d 及 5d 以上	

注：1. 南方指我国长江流域及其以南地区。
2. 一季中稻的种植时间差异较大，传统的一季中稻抽穗开花期为 8 月，灌浆结实期为 9 月。而现在南方某些地区一季中稻的种植时间与双季早稻接近，灌浆结实期为 7 月，因此遇高温更敏感。

表 2　农业气象灾害指标说明——双季早稻灾害指标

序号	灾害种类	生育期	指　标	依　据
1	育秧期轻度低温阴雨(指标 1)	2 月 11 日—4 月 20 日	日平均气温≤15℃且日照时数≤2h 天数持续 7d 及 7d 以上	气象行业标准：QX/T 98—2008《早稻播种育秧期低温阴雨等级》
2	育秧期轻度低温阴雨(指标 2)		日平均气温≤12℃天数持续 3—5d	
3	育秧期中度低温阴雨(指标 1)		日平均气温≤10℃天数持续 3d 及 3d 以上	
4	育秧期中度低温阴雨(指标 2)		日平均气温≤12℃天数持续 6—9d	
5	育秧期重度低温阴雨(指标 1)		日平均气温≤8℃天数持续 3d 及 3d 以上	
6	育秧期重度低温阴雨(指标 2)		日平均气温≤12℃天数持续 10d 及 10d 以上	

续表

序号	灾害种类	生育期	指　标	依　据
7	轻度5月低温	5月1日—6月10日	日平均气温18—20℃天数持续5—6d	国家标准:GB/T 27959—2011《南方水稻、油菜和柑橘低温灾害》
8	中度5月低温(指标1)		日平均气温18—20℃天数持续7—9d	
9	中度5月低温(指标2)		日平均气温15.6—17.9℃天数持续7—8d	
10	重度5月低温(指标1)		日平均气温18—20℃天数持续10d或10d以上	
11	重度5月低温(指标2)		日平均气温≤15.5℃天数持续5d或5d以上	
12	育秧期高温	4月1日—4月30日	日最高气温≥26℃	国家标准:GB/T 21985—2008《主要农作物高温危害温度指标》
13	抽穗开花期高温(指标1)	6月1日—6月30日	连续3d日最高气温≥35℃	
14	抽穗开花期高温(指标2)		连续3d日平均气温≥30℃	
15	灌浆结实期高温	7月1日—7月31日	日平均气温≥30℃	

表3　农业气象灾害指标说明——双季晚稻灾害指标

序号	灾害种类	生育期	指　标	依　据
1	育秧期高温(指标1)	6月1日—6月30日	日最高气温≥35℃	国家标准:GB/T 21985—2008《主要农作物高温危害温度指标》
2	育秧期高温(指标2)		日平均气温≥30℃	
3	抽穗开花期高温(指标1)	9月1日—9月20日	日最高气温≥35℃天数持续3d及3d以上	
4	抽穗开花期高温(指标2)		日平均气温≥30℃天数持续3d及3d以上	
5	轻度湿冷型寒露风	9月1日—10月10日	日平均气温≤23℃天数持续3d及3d以上,日最低气温>16℃,雨日数≥1d	气象行业标准:QX/T 94—2008《寒露风等级》
6	重度湿冷型寒露风		日平均气温≤21℃天数持续3d及3d以上,日最低气温≤16℃,雨日数≥2d	
7	轻度干冷型寒露风(指标1)		日平均气温≤22℃天数持续3d及3d以上,且日最低气温>16℃	
8	轻度干冷型寒露风(指标2)		日平均气温≤22℃天数持续2d及2d以上,且日最低气温≤16℃	
9	重度干冷型寒露风(指标1)		日平均气温≤20℃天数持续3d及3d以上,且日最低气温>16℃	
10	重度干冷型寒露风(指标2)		日平均气温≤20℃天数持续2d及2d以上,且日最低气温≤16℃	

表 4　农业气象灾害指标说明——春小麦灾害指标

序号	灾害种类	生育期	指　标	依　据
1	拔节期轻旱	5月20日—6月10日	降水负距平≤30%	气象行业标准:QX/T 81—2007《小麦干旱灾害等级》
2	拔节期中旱		30%≤降水负距平<65%	
3	拔节期重旱		降水负距平≥65%	
4	播种期—成熟期轻旱	4月7日—7月31日	降水负距平<15%	
5	播种期—成熟期中旱		15%≤降水负距平<35%	
6	播种期—成熟期重旱		35%≤降水负距平<55%	
7	春麦区轻度干热风	内蒙古河套、宁夏平原 6月10日—7月20日	日最高气温≥32℃,14时相对湿度≤30%,14时风速≥2m/s	气象行业标准:QX/T 82—2007《小麦干热风灾害等级》
		甘肃河西走廊 6月10日—7月20日	日最高气温≥32℃,14时相对湿度≤30%	
		新疆 5月10日—6月20日	日最高气温≥34℃,14时相对湿度≤30%,14时风速≥2m/s	
8	春麦区重度干热风	内蒙古河套、宁夏平原 6月10日—7月20日	日最高气温≥34℃,14时相对湿度≤25%,14时风速≥2m/s	
		甘肃河西走廊 6月10日—7月20日	日最高气温≥35℃,14时相对湿度≤30%	
		新疆 5月10日—6月20日	日最高气温≥36℃,14时相对湿度≤25%,14时风速≥3m/s	

表 5　农业气象灾害指标说明——冬小麦灾害指标

序号	灾害种类	生育期	指　标	依　据
1	播种期—成熟期严重干旱	10月1日—翌年5月31日	降水负距平≥55%	气象行业标准:QX/T 81—2007《小麦干旱灾害等级》
2	分蘖期高温	12月1日—12月31日	日平均气温≥17℃	注:参考国家标准(GB/T 21985—2008《主要农作物高温危害温度指标》)送审稿,并咨询多位专家后确定
3	越冬期冻害	12月1日—翌年2月28日	日最低气温<0℃	
4	越冬期高温	1月1日—2月28日	日平均气温≥5℃	

续表

序号	灾害种类	生育期	指　标	依　据
5	拔节期轻旱	3 月 10 日—4 月 10 日	降水负距平≤30%	气象行业标准：QX/T 81—2007《小麦干旱灾害等级》
6	拔节期中旱		30%≤降水负距平<65%	
7	拔节期重旱		降水负距平≥65%	
8	灌浆结实期高温	5 月 1 日—5 月 20 日	日平均气温≥24℃	国家标准：GB/T 21985—2008《主要农作物高温危害温度指标》
9	冬麦区轻度干热风	华北平原、汾渭谷地 5月 1 日—6月20日	日最高气温≥32℃，14 时相对湿度≤30%，14 时风速≥2m/s	气象行业标准：QX/T 82—2007《小麦干热风灾害等级》
		黄土高原旱塬区 5月 1日—6月20 日	日最高气温≥30℃，14 时相对湿度≤30%，14 时风速≥3m/s	
		新疆 5月 10 日—6月20 日	日最高气温≥34℃，14 时相对湿度≤30%，14 时风速≥2m/s	
10	冬麦区重度干热风	华北平原、汾渭谷地 5 月 1 日—6月20日	日最高气温≥35℃，14 时相对湿度≤25%，14 时风速≥3m/s	
		黄土高原旱塬区 5月1 日—6月20 日	日最高气温≥30℃，14 时相对湿度≤30%，14 时风速≥3m/s	
		新疆 5 月10 日—6 月 20 日	日最高气温≥36℃，14 时相对湿度≤25%，14 时风速≥3m/s	

表 6　农业气象灾害指标说明——东北地区春玉米延迟型冷害指标

致灾因子	生育期	致灾等级				依　据
		一般延迟型冷害		严重延迟型冷害		
5—9 月平均气温之和及其距平/℃	5—9 月	80/−1.1	85/−1.4	80/−1.7	85/−2.4	气象行业标准：QX/T 101—2009《水稻、玉米冷害等级》
		90/−1.7	95/−2.0	90/−3.1	95/−3.7	
		100/−2.2	105/−2.3	100/−4.1	105/−4.4	

表 7　农业气象灾害指标说明——玉米灾害指标

序号	灾害种类	生育期	指　标	依　据
1	春玉米高温烧苗	4 月	日最高气温≥26℃	国家标准：GB/T 21985—2008《主要农作物高温危害温度指标》
2	春玉米开花期高温（指标 1）	6 月 20 日—7 月 10 日	日最高气温≥30℃且相对湿度≤60%	
3	春玉米开花期高温（指标 2）		日最高气温≥35℃	
4	春玉米灌浆结实期高温	7 月 20 日—8 月 20 日	日平均气温≥25℃	
5	春玉米霜冻	9 月	日最低气温≤0℃	气象行业标准：QX/T 88—2008《作物霜冻害等级》
6	夏玉米开花期高温（指标 1）	7 月 20 日—8 月 10 日	日最高气温≥30℃且相对湿度≤60%	国家标准：GB/T 21985—2008《主要农作物高温危害温度指标》
7	夏玉米开花期高温（指标 2）		日最高气温≥35℃	

表 8　农业气象灾害指标说明——大豆灾害指标

序号	灾害种类	生育期	指　标	依　据
1	春大豆灌浆结实期干旱	7 月	日平均气温≥25℃	潘铁夫，张德荣，张文广，等. 中国大豆气候区划的研究[J]. 大豆科学，1984，3(3)：169-182.
2	夏大豆灌浆结实期干旱	7 月		

表 9　农业气象灾害指标说明——华南寒害指标

序号	灾害种类	生育期	指　标	依　据
1	香蕉寒害	10 月—翌年 3 月	日最低气温（T_D，℃）<5 且持续天数≥3d 一级：$3 \leq T_D < 5$ 二级：$1 \leq T_D < 3$ 三级：$-1 \leq T_D < 1$ 四级：$T_D < -1$	[1] 王春乙，等. 中国重大农业气象灾害研究[M]. 北京：气象出版社，2010：80-129. [2] 气象行业标准：QX/T 80—2007《香蕉、荔枝寒害等级》
2	荔枝寒害		日最低气温（T_D，℃）<5 且持续天数≥3d 一级：$-2 \leq T_D < 5$ 二级：$-3 \leq T_D < -2$ 三级：$-4 \leq T_D < -3$ 四级：$T_D < -4$	
3	龙眼寒害		日最低气温（T_D，℃）≤5 且持续天数≥3d 一级：$-1.5 \leq T_D \leq 5$ 二级：$-2.5 \leq T_D < -1.5$ 三级：$-3.5 \leq T_D < -2.5$ 四级：$T_D < -3.5$	

表 10 病虫害指标说明

序号	灾害种类	生育期	指 标	依 据
1	稻瘟病发生	双季早稻、一季中稻、双季晚稻播种期—成熟期	日平均气温 20—28℃且日平均相对湿度≥90%的日数	[1] 中国农业科学院植物保护研究所. 中国农作物病虫害:上册[M]. 北京:中国农业出版社,1995:3-14. [2] 何永坤,阳园燕,罗孳孳. 稻瘟病发生发展气象条件等级业务预报技术研究[J]. 气象,2008,34(12):110-113.
2	稻瘟病低温诱发	一季中稻、双季晚稻抽穗期	日平均气温<20℃且持续日数≥3d 的累积日数	[1] 中国农业科学院植物保护研究所. 中国农作物病虫害:上册[M]. 北京:中国农业出版社,1995:3-14. [2] 邓珍，郭水连. 水稻稻瘟病与气候条件分析[J]. 宜春学院学报,2008,30(2):135-136.
3	三化螟发生	双季早稻、一季中稻、双季晚稻播种期—成熟期	日平均气温 20—27.5℃且日平均相对湿度≥90%的日数	[1] 中国农业科学院植物保护研究所. 中国农作物病虫害:上册[M]. 北京:中国农业出版社,1995:98-108. [2] 李云瑞. 农业昆虫学[M]. 北京:高等教育出版社,2006:51-62.
4	二化螟卵孵化		日平均气温 22—26℃且日平均相对湿度 80%—90%的日数	[1] 中国农业科学院植物保护研究所. 中国农作物病虫害:上册[M]. 北京:中国农业出版社,1995:108-116. [2] 李云瑞. 农业昆虫学[M]. 北京:高等教育出版社,2006:51-62. [3] 全国农业技术推广服务中心. 水稻病虫防治分册[M]. 北京:中国农业出版社,2005:6-10.
5	二化螟幼虫发育		日平均气温 20—30℃且日平均相对湿度≥70%的日数	
6	稻飞虱越冬	12 月—翌年 2 月	冬季最冷月平均气温(*T*,℃) *T*≥12,适宜越冬 11≤*T*<12,次适宜越冬 10≤*T*<11,越冬北界	[1] 中国农业科学院植物保护研究所. 中国农作物病虫害:上册[M]. 北京:中国农业出版社,1995:124-132. [2] 李云瑞. 农业昆虫学[M]. 北京:高等教育出版社,2006:62-73. [3] 卢小凤,霍治国,申双和,等. 气候变暖对中国褐飞虱越冬北界的影响[J]. 生态学杂志,2012,31(8):1977-1983.
7	稻飞虱田间发生	双季早稻、一季中稻、双季晚稻播种期—成熟期	日平均气温 22—28℃且日平均相对湿度 80%—90%的日数	[1] 中国农业科学院植物保护研究所. 中国农作物病虫害:上册[M]. 北京:中国农业出版社,1995:124-132. [2] 李云瑞. 农业昆虫学[M]. 北京:高等教育出版社,2006:62-73.
8	稻飞虱迁入		日平均气温 22—28℃的雨日数	

续表

序号	灾害种类	生育期	指　标	依　据
9	小麦条锈病越夏	7—8 月	最热一旬平均气温(t,℃) $t\leq 20$,适宜越夏 $20<t\leq 22$,次适宜越夏 $22<t\leq 23$,越夏上限 $t>23$,不能越夏	[1] 中国农业科学院植物保护研究所. 中国农作物病虫害:上册[M]. 北京:中国农业出版社,1995:271-284. [2] 马占鸿,石守定,姜玉英,等. 基于 GIS 的中国小麦条锈病菌越夏区气候区划[J]. 植物病理学报,2004,34(5):455-462.
10	小麦条锈病越冬	12 月—翌年 2 月	最冷月平均气温(T,℃) $T\geq -5$,适宜越冬 $-6\leq T<-5$,次适宜越冬 $-7\leq T<-6$,可以越冬 $T<-7$,不能越冬	[1] 中国农业科学院植物保护研究所. 中国农作物病虫害:上册[M]. 北京:中国农业出版社,1995:271-284. [2] 马占鸿,石守定,王海光,等. 我国小麦条锈病菌既越冬又越夏地区的气候区划[J]. 西北农林科技大学学报:自然科学版,2005,33(z1):11-13.
11	小麦条锈病关键期发生	北方冬麦区:返青至成熟期;南方冬麦区:拔节至成熟期	日平均气温 9—20℃且日降水量>0.5mm 的雨日数	[1] 中国农业科学院植物保护研究所. 中国农作物病虫害:上册[M].北京:中国农业出版社,1995:271-284. [2] 陈林,费永成,亢继林,等. 成都市 2009 年小麦条锈病特重发生的气象特征[J]. 高原山地气象研究,2010,30(1):50-53.
12	小麦赤霉病发生	抽穗开花至灌浆期	日平均气温≥15℃期间的雨日数	[1] 中国农业科学院植物保护研究所. 中国农作物病虫害:上册[M]. 北京:中国农业出版社,1995:284-293. [2] 张旭晖,高苹,居为民,等. 小麦赤霉病气象条件适宜程度等级预报[J]. 气象科学,2009,29(4):552-556.
13	小麦白粉病越夏	7—8 月	最热一旬平均气温(t,℃) $t<24$,适宜越夏 $24\leq t\leq 26$,可能越夏 $t>26$,不能越夏	[1] 中国农业科学院植物保护研究所. 中国农作物病虫害:上册[M]. 北京:中国农业出版社,1995:293-299. [2] 李伯宁,周益林,段霞瑜. 小麦白粉病与温度的定量关系研究[J]. 植物保护,2008,34(3):22-25.
14	小麦白粉病关键期发生	北方冬麦区:返青至成熟期;南方冬麦区:拔节至成熟期	日平均气温 10—24℃且日降水量<25mm 的雨日数	
15	小麦麦蚜发生	北方冬麦区:返青至成熟期;南方冬麦区:拔节至成熟期	日平均气温 12—22℃且日平均相对湿度<70%的日数	[1] 中国农业科学院植物保护研究所. 中国农作物病虫害:上册[M]. 北京:中国农业出版社,1995:402-409. [2] 李云瑞. 农业昆虫学[M]. 北京:高等教育出版社,2006:95-101.

序号	灾害种类	生育期	指　标	依　据
16	玉米螟发生	春玉米、夏玉米播种期—成熟期	日平均气温 20—28℃且日平均相对湿度 70%—100%的日数	[1] 中国农业科学院植物保护研究所. 中国农作物病虫害:上册[M]. 北京:中国农业出版社,1995:562-574. [2] 李云瑞. 农业昆虫学[M]. 北京:高等教育出版社,2006:119-124. [3] 袁福香,刘实,郭维,等. 吉林省一代玉米螟发生的气象条件适宜程度等级预报[J]. 中国农业气象,2008,29(4):477-480.
17	大豆食心虫发生	7 月下旬—9 月中旬	日平均气温 20—30℃且日平均相对湿度 70%—100%的日数	[1] 李云瑞. 农业昆虫学[M]. 北京:高等教育出版社,2006:208-212. [2] 高月波,卢宗志,孙雅杰,等. 大豆食心虫预测预报的研究与应用[J]. 吉林农业科学,2005,30(3):18-20,37.
18	棉花枯萎病发生	播种期—成熟期	日平均气温 20—28℃的雨日数	[1] 中国农业科学院植物保护研究所. 中国农作物病虫害:下册[M]. 北京:中国农业出版社,1995:19-27.
19	棉花黄萎病发生	播种期—成熟期	日平均气温 22—27℃且日平均相对湿度＞80%的日数	[1] 中国农业科学院植物保护研究所. 中国农作物病虫害:下册[M]. 北京:中国农业出版社,1995:27-33. [2] 谭联望. 北方棉区棉花黄萎病暴发原因及治理对策[J]. 中国棉花,1994,21(7):2-4. [3] 马存,简桂良,邹勇,等. 荆州棉区棉花黄萎病发生与气象因子关系的研究[J]. 植物保护,1997, 23(1):30-32.
20	棉铃虫发生	播种期—成熟期	日平均气温 25—30℃的无雨日数	[1] 中国农业科学院植物保护研究所. 中国农作物病虫害:下册[M]. 北京:中国农业出版社,1995:72-80. [2] 李云瑞. 农业昆虫学[M]. 北京:高等教育出版社,2006:192-196. [3] 华尧楠,王厚振,肖云丽. 气象因素对棉铃虫种群数量变动的影响[J]. 中国农业气象,1996,17(1):38-40.
21	草原蝗虫发生	5—9 月	日平均气温 10—34℃的无雨日数	[1] 陈素华,李警民. 内蒙古草原蝗虫大暴发的气象条件及预警[J]. 气象科技,2009,37(1):48-51. [2] 郭安红,王建林,王纯枝,等. 内蒙古草原蝗虫发生发展气象适宜度指数构建方法[J]. 气象科技,2009,37(1):42-47.

MU LU

目 录

□ 双季早稻育秧期中度低温阴雨(指标1)发生频次 …… 028
□ 双季早稻育秧期中度低温阴雨(指标2)发生频率 …… 029
□ 双季早稻育秧期中度低温阴雨(指标2)发生频次 …… 030
□ 双季早稻育秧期重度低温阴雨(指标1)发生频率 …… 031
□ 双季早稻育秧期重度低温阴雨(指标1)发生频次 …… 032
□ 双季早稻育秧期重度低温阴雨(指标2)发生频率 …… 033
□ 双季早稻育秧期重度低温阴雨(指标2)发生频次 …… 034
□ 双季早稻育秧期高温发生频率 …… 035
□ 双季早稻育秧期高温发生频次 …… 036
□ 双季早稻轻度5月低温发生频率 …… 037
□ 双季早稻轻度5月低温发生频次 …… 038
□ 双季早稻中度5月低温(指标1)发生频率 …… 039
□ 双季早稻中度5月低温(指标1)发生频次 …… 040
□ 双季早稻中度5月低温(指标2)发生频率 …… 041
□ 双季早稻中度5月低温(指标2)发生频次 …… 042
□ 双季早稻重度5月低温(指标1)发生频率 …… 043
□ 双季早稻重度5月低温(指标1)发生频次 …… 044
□ 双季早稻重度5月低温(指标2)发生频率 …… 045
□ 双季早稻重度5月低温(指标2)发生频次 …… 046
□ 双季早稻抽穗开花期高温(指标1)发生频率 …… 047
□ 双季早稻抽穗开花期高温(指标1)发生频次 …… 048
□ 双季早稻抽穗开花期高温(指标2)发生频率 …… 049
□ 双季早稻抽穗开花期高温(指标2)发生频次 …… 050
□ 双季早稻灌浆结实期高温发生频率 …… 051
□ 双季早稻灌浆结实期高温发生频次 …… 052
□ 双季晚稻育秧期高温(指标1)发生频率 …… 053
□ 双季晚稻育秧期高温(指标1)发生频次 …… 054
□ 双季晚稻育秧期高温(指标2)发生频率 …… 055
□ 双季晚稻育秧期高温(指标2)发生频次 …… 056
□ 双季晚稻抽穗开花期高温(指标1)发生频率 …… 057
□ 双季晚稻抽穗开花期高温(指标1)发生频次 …… 058

□ 双季晚稻抽穗开花期高温(指标2)发生频率 …… 059
□ 双季晚稻抽穗开花期高温(指标2)发生频次 …… 060
□ 双季晚稻轻度湿冷型寒露风发生频率 …… 061
□ 双季晚稻轻度湿冷型寒露风发生频次 …… 062
□ 双季晚稻重度湿冷型寒露风发生频率 …… 063
□ 双季晚稻重度湿冷型寒露风发生频次 …… 064
□ 双季晚稻轻度干冷型寒露风(指标1)发生频率 …… 065
□ 双季晚稻轻度干冷型寒露风(指标1)发生频次 …… 066
□ 双季晚稻轻度干冷型寒露风(指标2)发生频率 …… 067
□ 双季晚稻轻度干冷型寒露风(指标2)发生频次 …… 068
□ 双季晚稻重度干冷型寒露风(指标1)发生频率 …… 069
□ 双季晚稻重度干冷型寒露风(指标1)发生频次 …… 070
□ 双季晚稻重度干冷型寒露风(指标2)发生频率 …… 071
□ 双季晚稻重度干冷型寒露风(指标2)发生频次 …… 072
□ 春小麦拔节期轻旱发生频率 …… 073
□ 春小麦拔节期轻旱发生频次 …… 074
□ 春小麦拔节期中旱发生频率 …… 075
□ 春小麦拔节期中旱发生频次 …… 076
□ 春小麦拔节期重旱发生频率 …… 077
□ 春小麦拔节期重旱发生频次 …… 078
□ 春麦区轻度干热风发生频率 …… 079
□ 春麦区轻度干热风发生频次 …… 080
□ 春麦区重度干热风发生频率 …… 081
□ 春麦区重度干热风发生频次 …… 082
□ 春小麦播种期—成熟期轻旱发生频率 …… 083
□ 春小麦播种期—成熟期轻旱发生频次 …… 084
□ 春小麦播种期—成熟期中旱发生频率 …… 085
□ 春小麦播种期—成熟期中旱发生频次 …… 086
□ 春小麦播种期—成熟期重旱发生频率 …… 087
□ 春小麦播种期—成熟期重旱发生频次 …… 088
□ 春小麦播种期—成熟期严重干旱发生频率 …… 089

□ 春小麦播种期—成熟期严重干旱发生频次 …… 090
□ 冬小麦分蘖期高温发生频率 …… 091
□ 冬小麦分蘖期高温发生频次 …… 092
□ 冬小麦越冬期冻害发生频率 …… 093
□ 冬小麦越冬期冻害发生频次 …… 094
□ 冬小麦越冬期高温发生频率 …… 095
□ 冬小麦越冬期高温发生频次 …… 096
□ 冬小麦拔节期轻旱发生频率 …… 097
□ 冬小麦拔节期轻旱发生频次 …… 098
□ 冬小麦拔节期中旱发生频率 …… 099
□ 冬小麦拔节期中旱发生频次 …… 100
□ 冬小麦拔节期重旱发生频率 …… 101
□ 冬小麦拔节期重旱发生频次 …… 102
□ 冬小麦灌浆结实期高温发生频率 …… 103
□ 冬小麦灌浆结实期高温发生频次 …… 104
□ 冬麦区轻度干热风发生频率 …… 105
□ 冬麦区轻度干热风发生频次 …… 106
□ 冬麦区重度干热风发生频率 …… 107
□ 冬麦区重度干热风发生频次 …… 108
□ 东北地区春玉米一般延迟型冷害发生频率 …… 109
□ 东北地区春玉米一般延迟型冷害发生频次 …… 110
□ 东北地区春玉米严重延迟型冷害发生频率 …… 111
□ 东北地区春玉米严重延迟型冷害发生频次 …… 112
□ 春玉米高温烧苗发生频率 …… 113
□ 春玉米高温烧苗发生频次 …… 114
□ 春玉米开花期高温(指标1)发生频率 …… 115
□ 春玉米开花期高温(指标1)发生频次 …… 116
□ 春玉米开花期高温(指标2)发生频率 …… 117
□ 春玉米开花期高温(指标2)发生频次 …… 118
□ 春玉米灌浆结实期高温发生频率 …… 119
□ 春玉米灌浆结实期高温发生频次 …… 120

□ 春玉米霜冻发生频率 …… 121
□ 春玉米霜冻发生频次 …… 122
□ 夏玉米开花期高温(指标1)发生频率 …… 123
□ 夏玉米开花期高温(指标1)发生频次 …… 124
□ 夏玉米开花期高温(指标2)发生频率 …… 125
□ 夏玉米开花期高温(指标2)发生频次 …… 126
□ 春大豆灌浆结实期干旱发生频率 …… 127
□ 春大豆灌浆结实期干旱发生频次 …… 128
□ 夏大豆灌浆结实期干旱发生频率 …… 129
□ 夏大豆灌浆结实期干旱发生频次 …… 130
□ 华南香蕉寒害过程发生频率 …… 131
□ 华南香蕉一级寒害过程发生频率 …… 132
□ 华南香蕉二级寒害过程发生频率 …… 133
□ 华南香蕉三级寒害过程发生频率 …… 134
□ 华南香蕉四级寒害过程发生频率 …… 135
□ 华南荔枝寒害过程发生频率 …… 136
□ 华南荔枝一级寒害过程发生频率 …… 137
□ 华南荔枝二级寒害过程发生频率 …… 138
□ 华南荔枝三级寒害过程发生频率 …… 139
□ 华南荔枝四级寒害过程发生频率 …… 140
□ 华南龙眼寒害过程发生频率 …… 141
□ 华南龙眼一级寒害过程发生频率 …… 142
□ 华南龙眼二级寒害过程发生频率 …… 143
□ 华南龙眼三级寒害过程发生频率 …… 144
□ 华南龙眼四级寒害过程发生频率 …… 145
□ 双季早稻稻瘟病发生气象条件分布 …… 146
□ 双季晚稻稻瘟病发生气象条件分布 …… 147
□ 双季晚稻稻瘟病低温诱发气象条件分布 …… 148
□ 一季中稻稻瘟病发生气象条件分布 …… 149
□ 一季中稻稻瘟病低温诱发气象条件分布 …… 150
□ 双季早稻三化螟发生气象条件分布 …… 151

一季中稻薄膜高温发生频率
图例
北京市 首都
天津市 省级行政中心
保定 一般城市
国界
未定国界
省、自治区、直辖市界
特别行政区界
河流
常年湖、时令湖
运河
珠穆朗玛峰 8844.43 山峰、高程
×5260 山口、高程
唐古拉山 山脉名
一季中稻种植灾害风险区
发生频率等值线（单位：%）
G/D 相对高值/低值区
比例尺 1∶18 000 000
南海诸岛
比例尺 1∶36 000 000

一季中稻薄膜育秧期高温发生频次

一季中稻抽穗开花期低温发生频率
图例
北京市 首都
天津市 省级行政中心
保定 一般城市
国界
未定国界
省、自治区、直辖市界
特别行政区界
河流
常年湖、时令湖
运河
珠穆朗玛峰 8844.43 山峰、高程
×5260 山口、高程
唐古拉山 山脉名
一季中稻种植灾害风险区
发生频率等值线（单位：%）
G/D 相对高值/低值区
比例尺 1∶18 000 000
千米 180 0 180 360 540 千米
南海诸岛
比例尺 1∶36 000 000

一季中稻抽穗开花期低温发生频次

一季中稻抽穗开花期高温（指标1）发生频率
图例
北京市 首都
天津市 省级行政中心
保定 一般城市
国界
未定国界
省、自治区、直辖市界
特别行政区界
河流
常年湖、时令湖
运河
珠穆朗玛峰 8844.43 山峰、高程
×5260 山口、高程
唐古拉山 山脉名
一季中稻种植灾害风险区
发生频率等值线（单位：%）
G/D 相对高值/低值区
比例尺 1：18 000 000
千米 180 0 180 360 540 千米
南海诸岛
比例尺 1：36 000 000

一季中稻抽穗开花期高温（指标1）发生频次

一季中稻抽穗开花期高温（指标2）发生频率
图例
北京市 首都
天津市 省级行政中心
保定 一般城市
国界
未定国界
省、自治区、直辖市界
特别行政区界
河流
常年湖、时令湖
运河
珠穆朗玛峰 8844.43 山峰、高程
×5260 山口、高程
唐古拉山 山脉名
一季中稻种植灾害风险区
发生频率等值线（单位：%）
G/D 相对高值/低值区
比例尺 1∶18 000 000
千米 180 0 180 360 540 千米
南海诸岛
比例尺 1∶36 000 000

一季中稻抽穗开花期高温（指标2）发生频次

一季中稻灌浆结实期高温发生频率

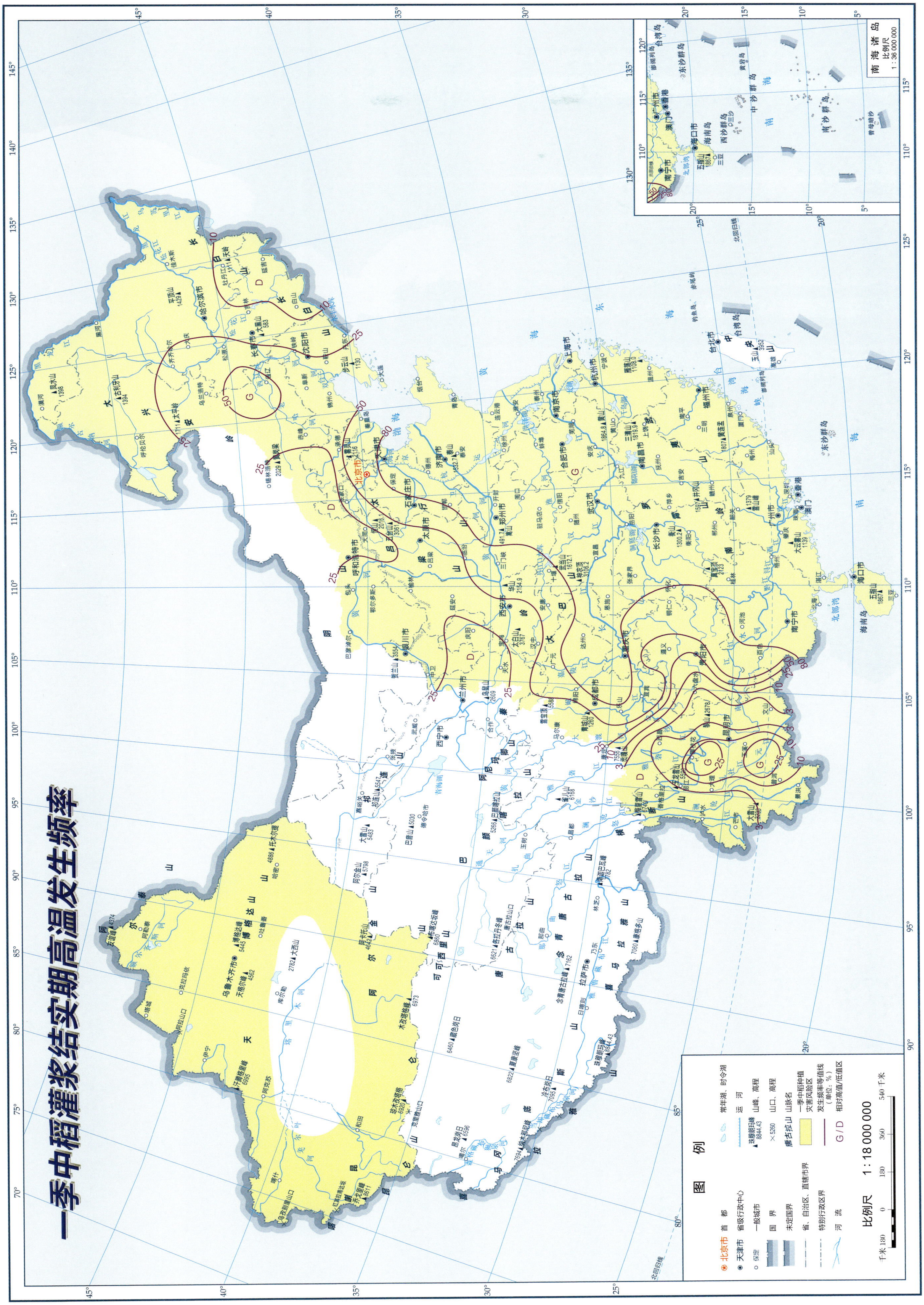

一季中稻灌浆结实期高温发生频次

北方粳稻孕穗期障碍型冷害发生频率
图例
北京市 首都
天津市 省级行政中心
保定 一般城市
国界
未定国界
省、自治区、直辖市界
特别行政区界
河流
常年湖、时令湖
运河
珠穆朗玛峰 8844.43 山峰、高程
5260 山口、高程
唐古拉山 山脉名
北方粳稻种植灾害风险区
发生频率等值线（单位：%）
G / D 相对高值/低值区
比例尺 1:18 000 000
千米 180 0 180 360 540 千米
南海诸岛
比例尺
1:36 000 000

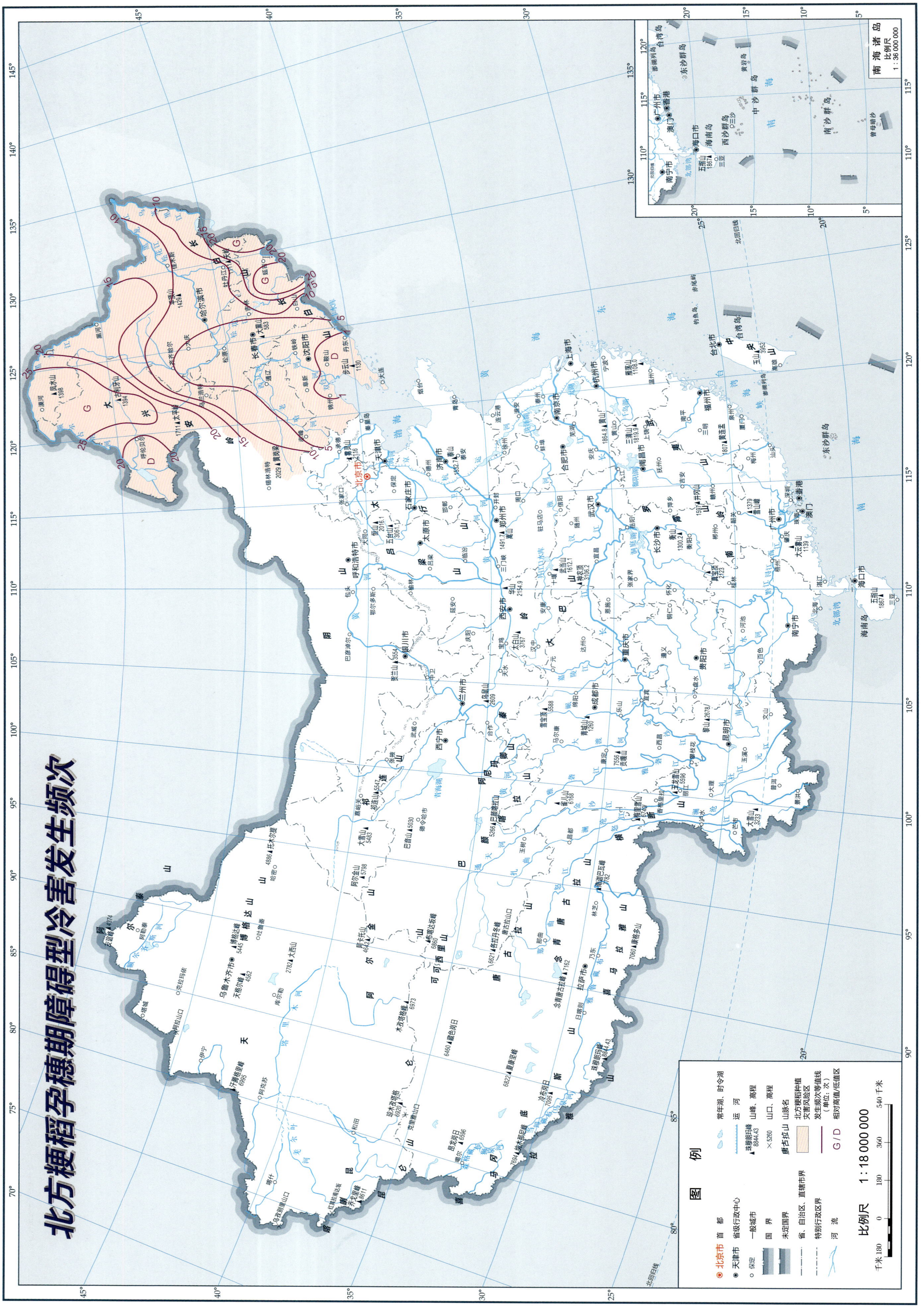

北方粳稻孕穗期障碍型冷害发生频次
图例
北京市 首都
天津市 省级行政中心
保定 一般城市
国界
未定国界
省、自治区、直辖市界
特别行政区界
河流
常年湖、时令湖
运河
珠穆朗玛峰 8844.43 山峰、高程
5260 山口、高程
唐古拉山 山脉名
北方粳稻种植灾害风险区
发生频次等值线（单位：次）
G/D 相对高值/低值区
比例尺 1:18 000 000
南海诸岛
比例尺 1:36 000 000

北方粳稻抽穗开花期障碍型冷害发生频率

北方粳稻抽穗开花期障碍型冷害发生频次

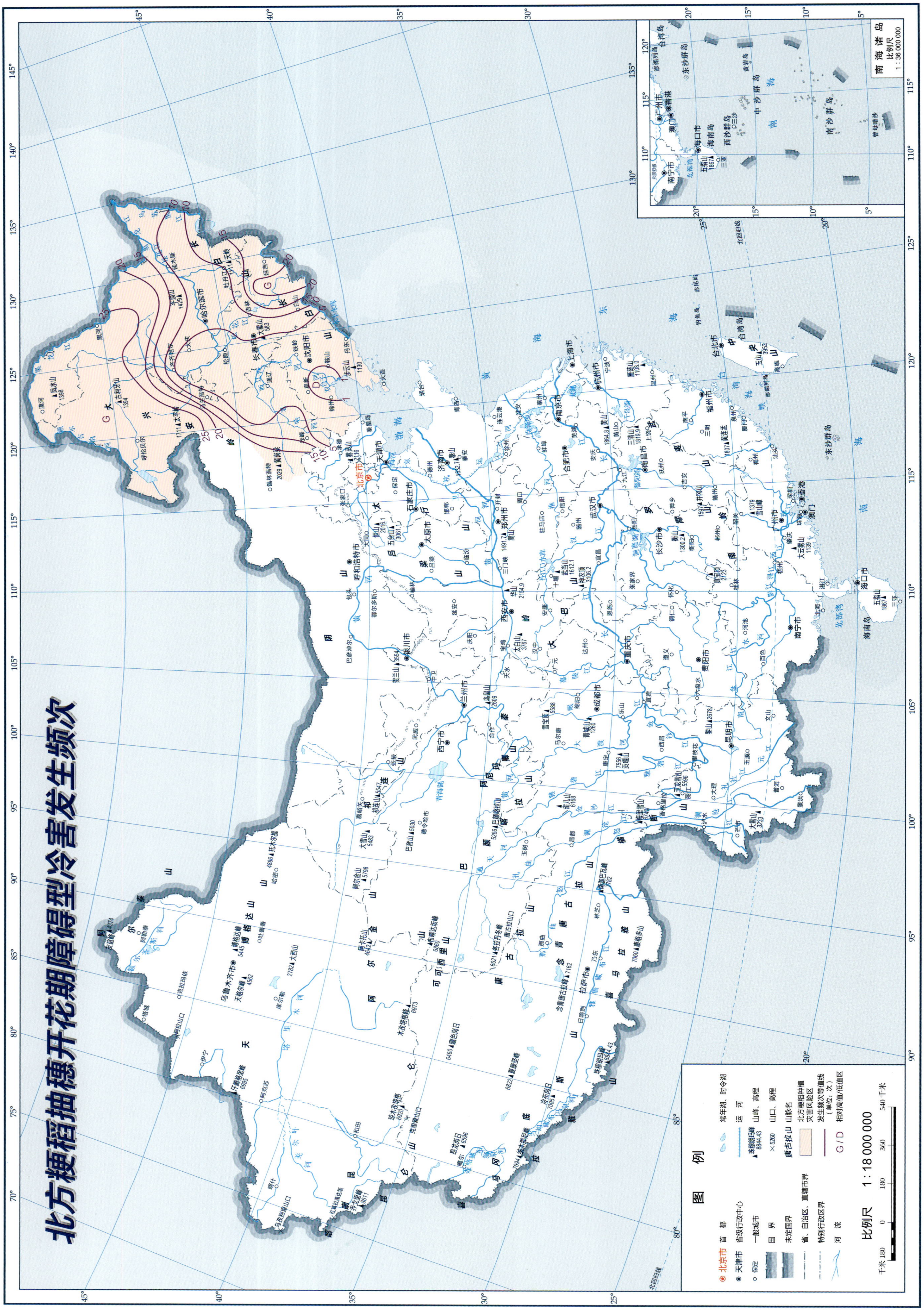

南方一季中粳稻孕穗期障碍型冷害发生频率

南方一季中粳稻孕穗期障碍型冷害发生频次

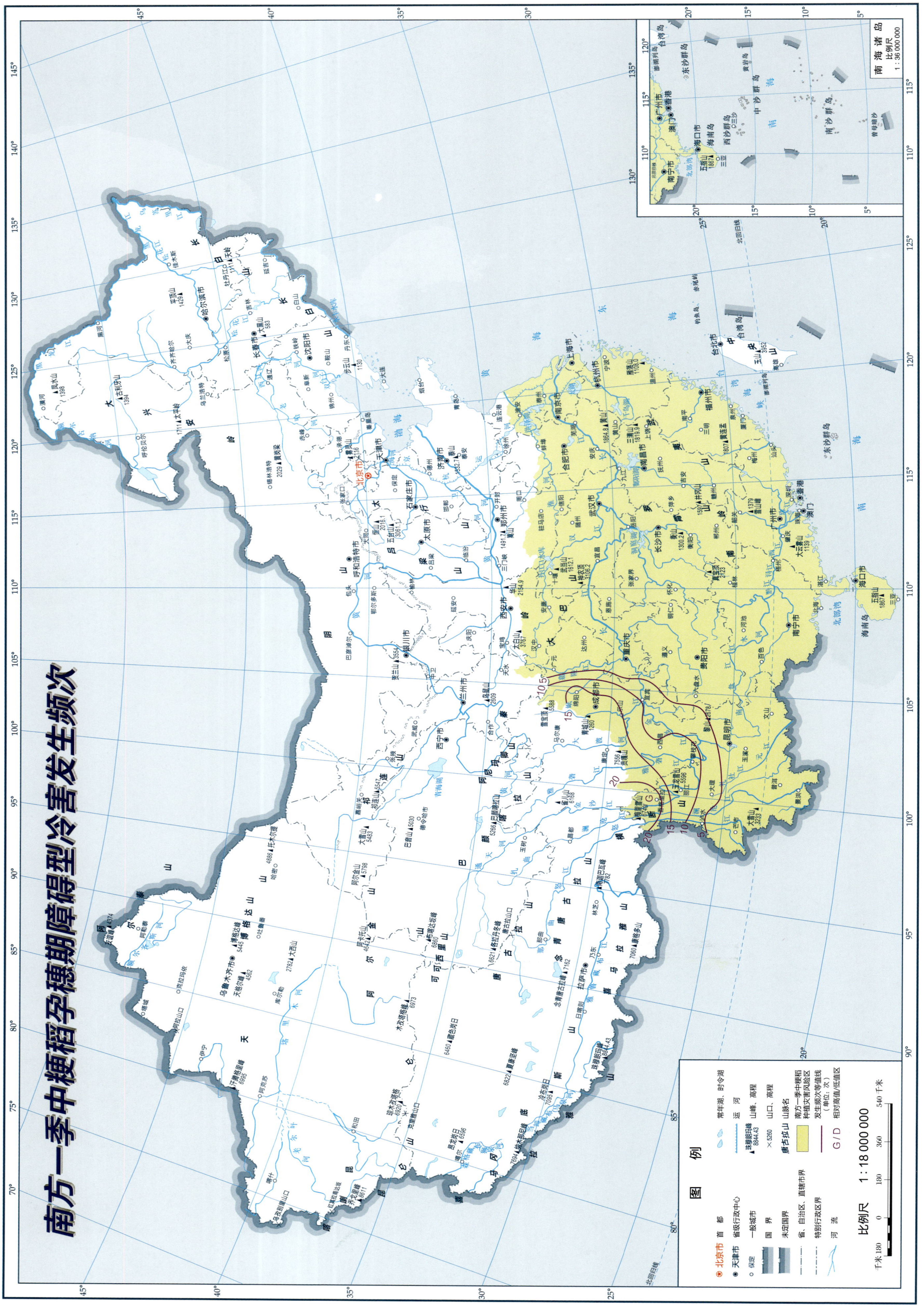

南方一季中籼稻孕穗期障碍型冷害发生频率

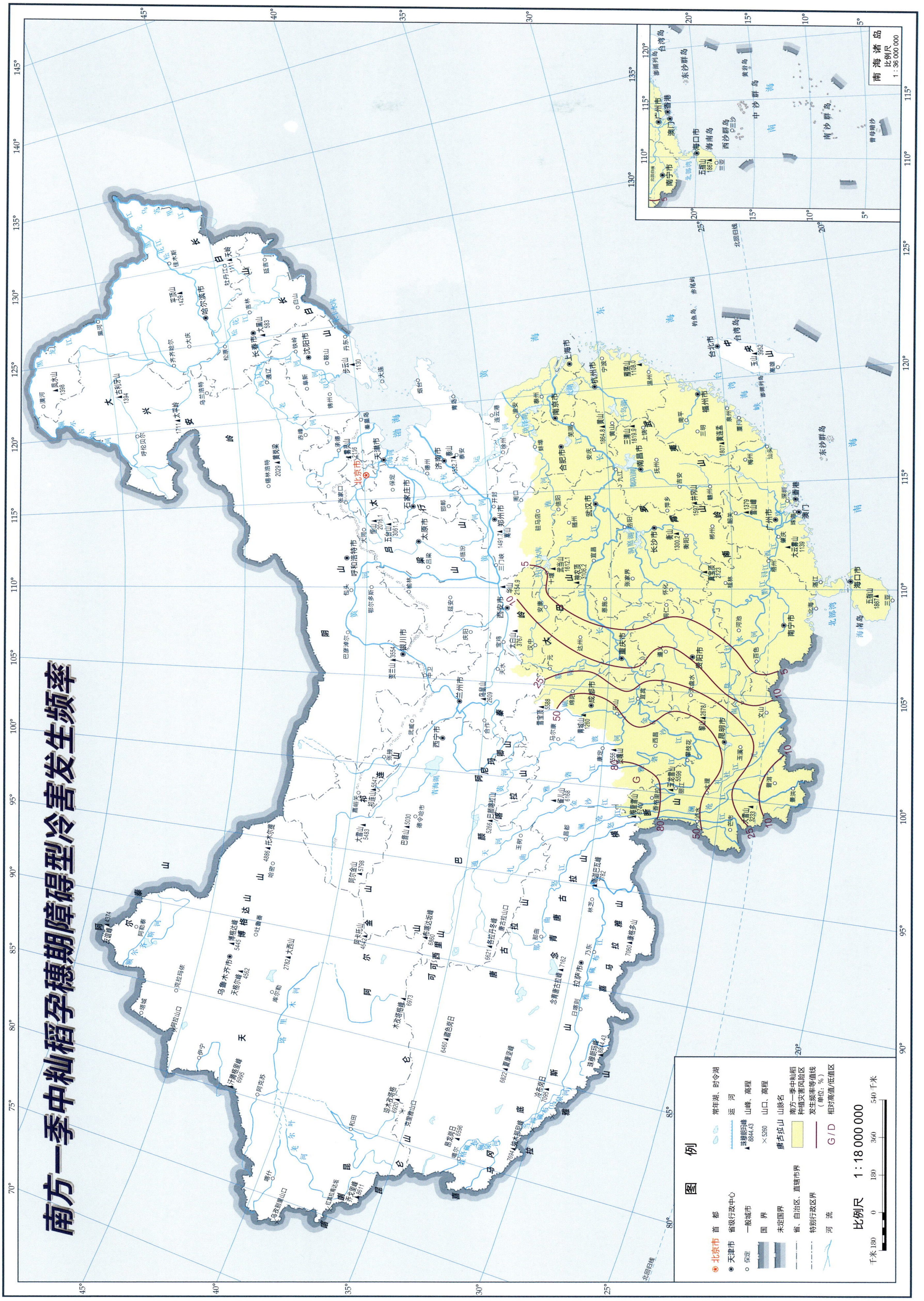

南方一季中籼稻孕穗期障碍型冷害发生频次

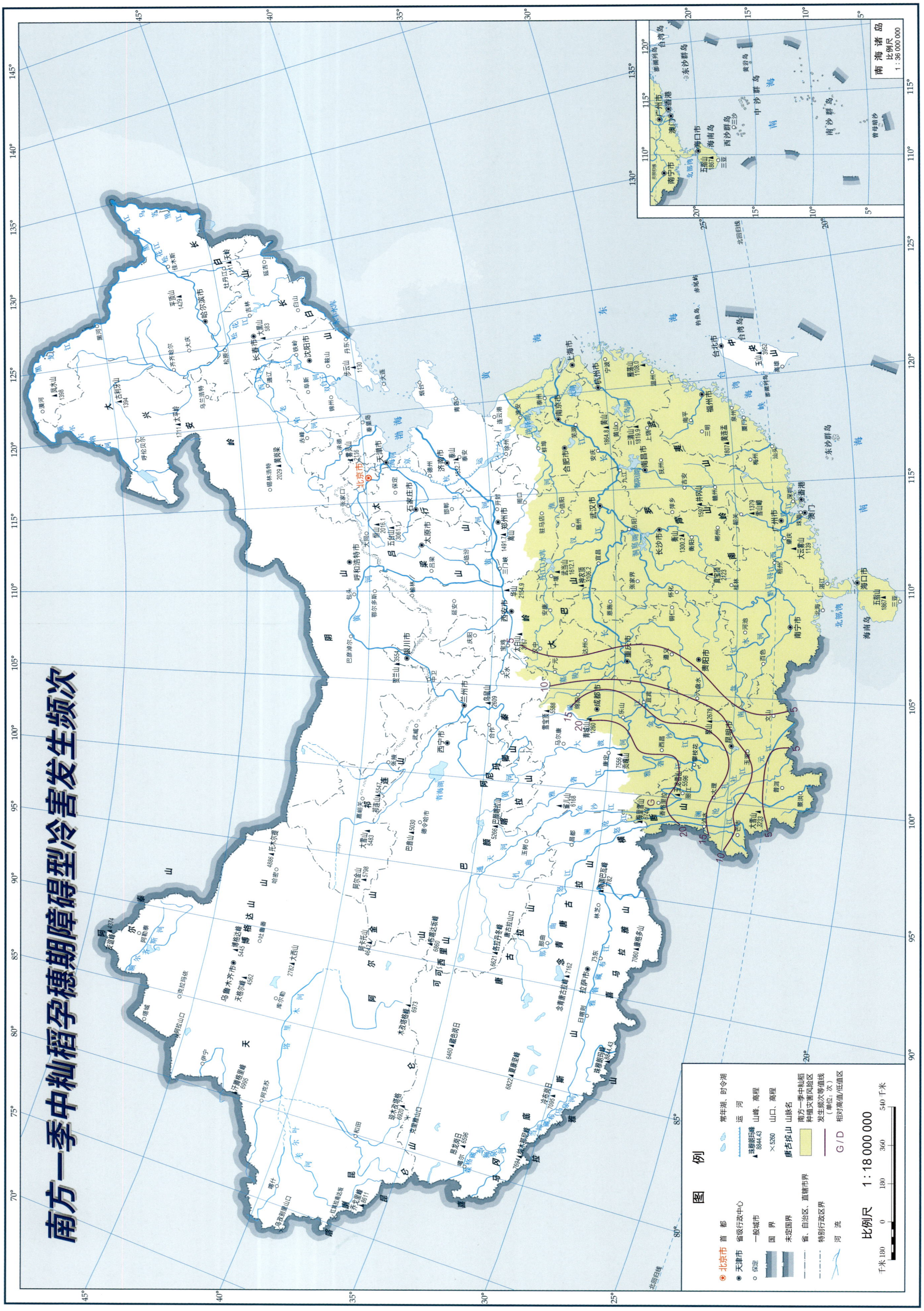

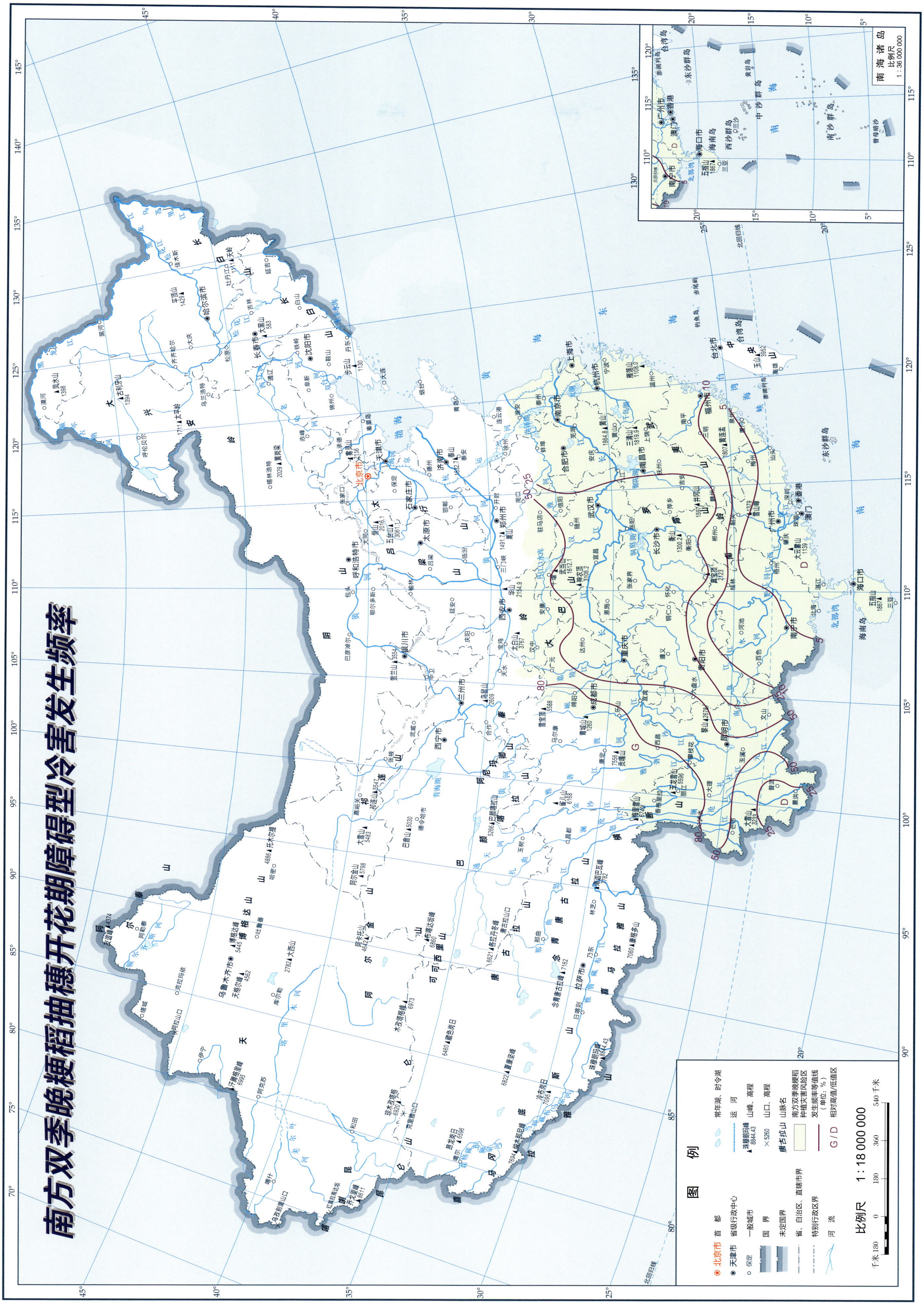
南方双季晚粳稻抽穗开花期障碍型冷害发生频率
图例
北京市 首都
天津市 省级行政中心
保定 一般城市
国界
未定国界
省、自治区、直辖市界
特别行政区界
河流
常年湖、时令湖
运河
珠穆朗玛峰 8844.43 山峰、高程
×5260 山口、高程
唐古拉山 山脉名
南方双季晚粳稻种植灾害风险区
发生频率等值线（单位：%）
G/D 相对高值/低值区
比例尺 1：18 000 000
千米 180 0 180 360 540 千米
南海诸岛
比例尺 1：36 000 000

南方双季晚粳稻抽穗开花期障碍型冷害发生频次

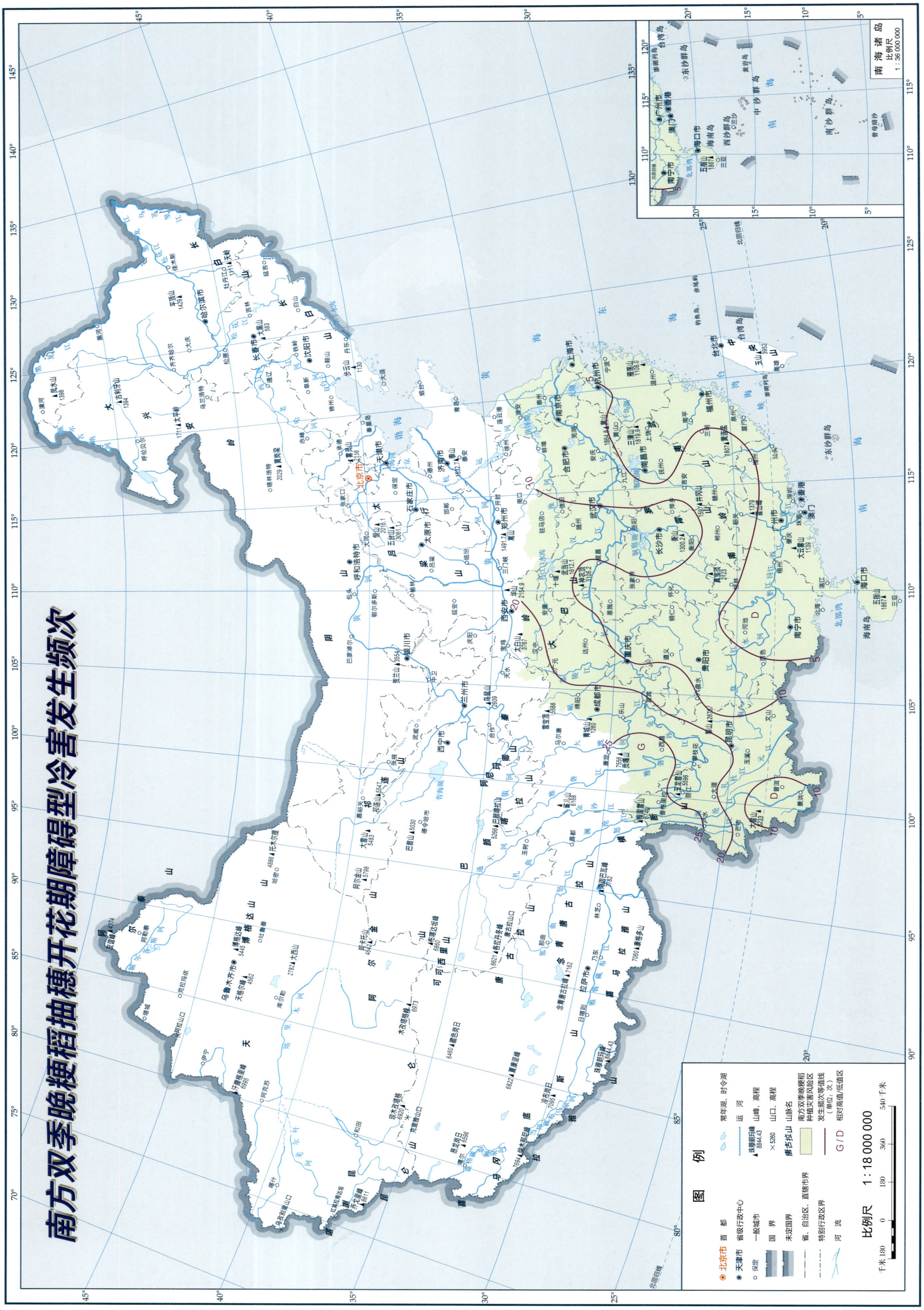

南方双季晚籼稻抽穗开花期障碍型冷害发生频率

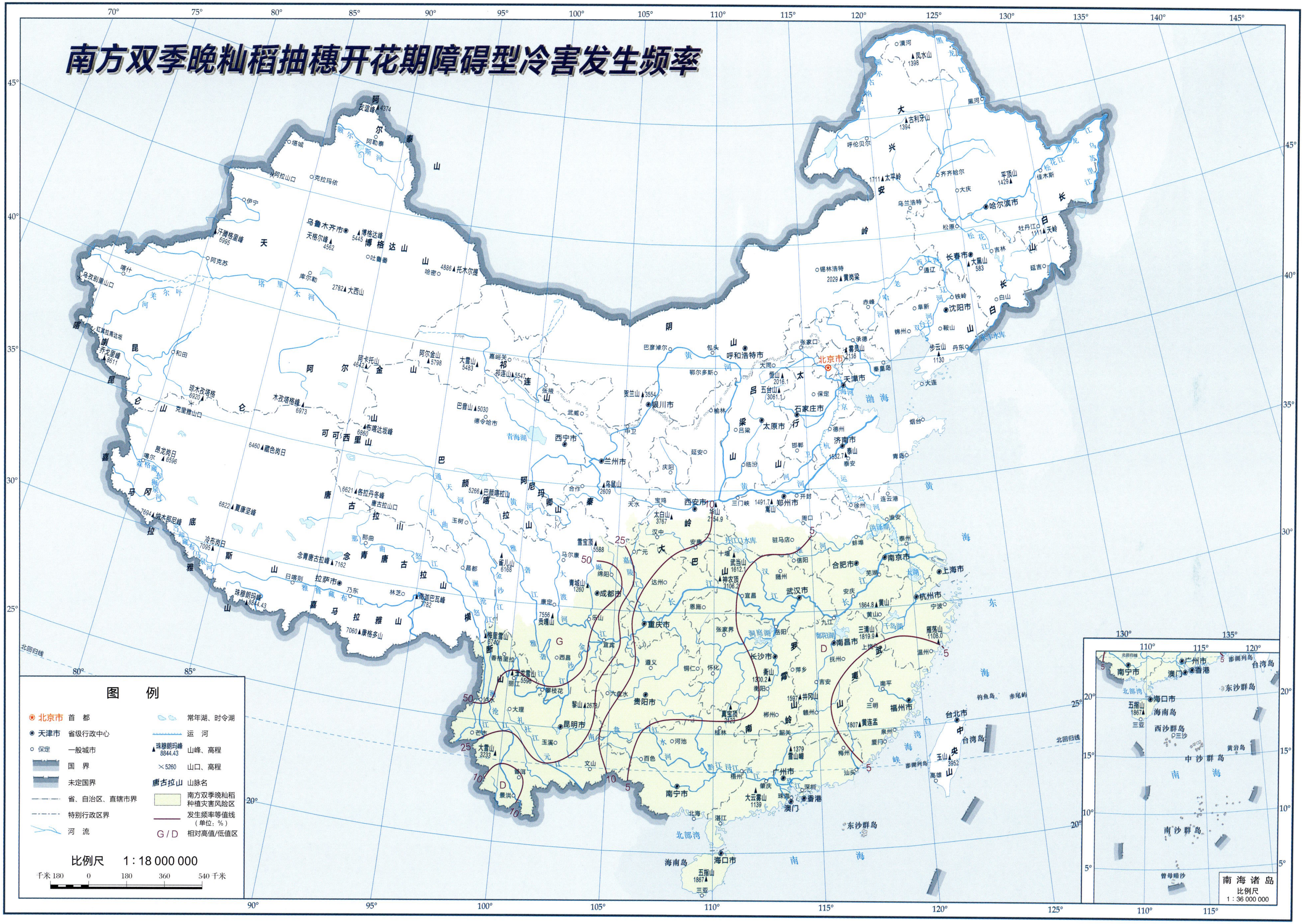

南方双季晚籼稻抽穗开花期障碍型冷害发生频次

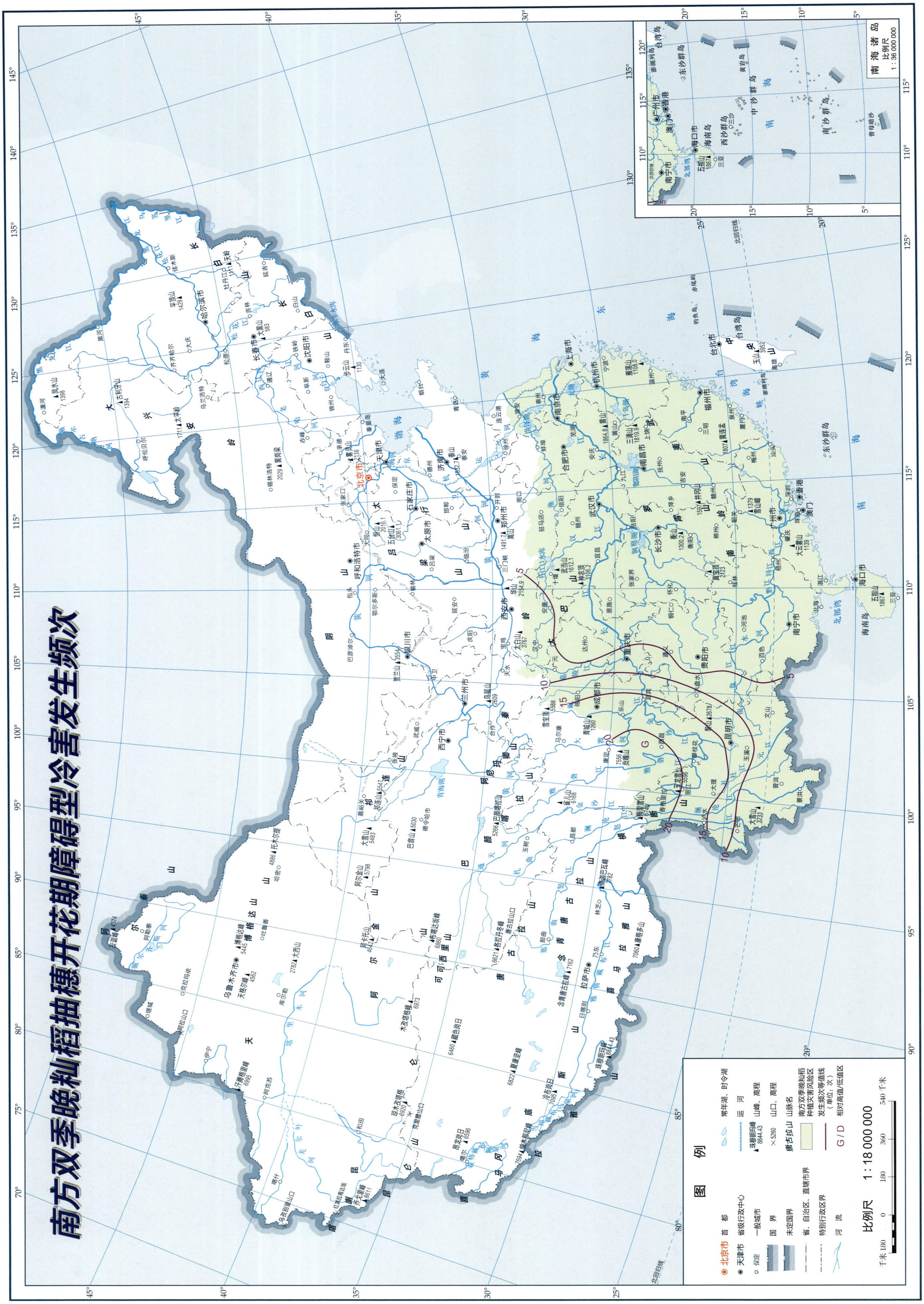

双季晚稻育秧期高温（指标2）发生频率

双季晚稻育秧期高温（指标2）发生频次

双季晚稻抽穗开花期高温（指标1）发生频率

双季晚稻抽穗开花期高温（指标1）发生频次

双季晚稻抽穗开花期高温（指标2）发生频率

双季晚稻抽穗开花期高温（指标2）发生频次

双季晚稻轻度湿冷型寒露风发生频率

双季晚稻轻度湿冷型寒露风发生频次

双季晚稻重度湿冷型寒露风发生频率

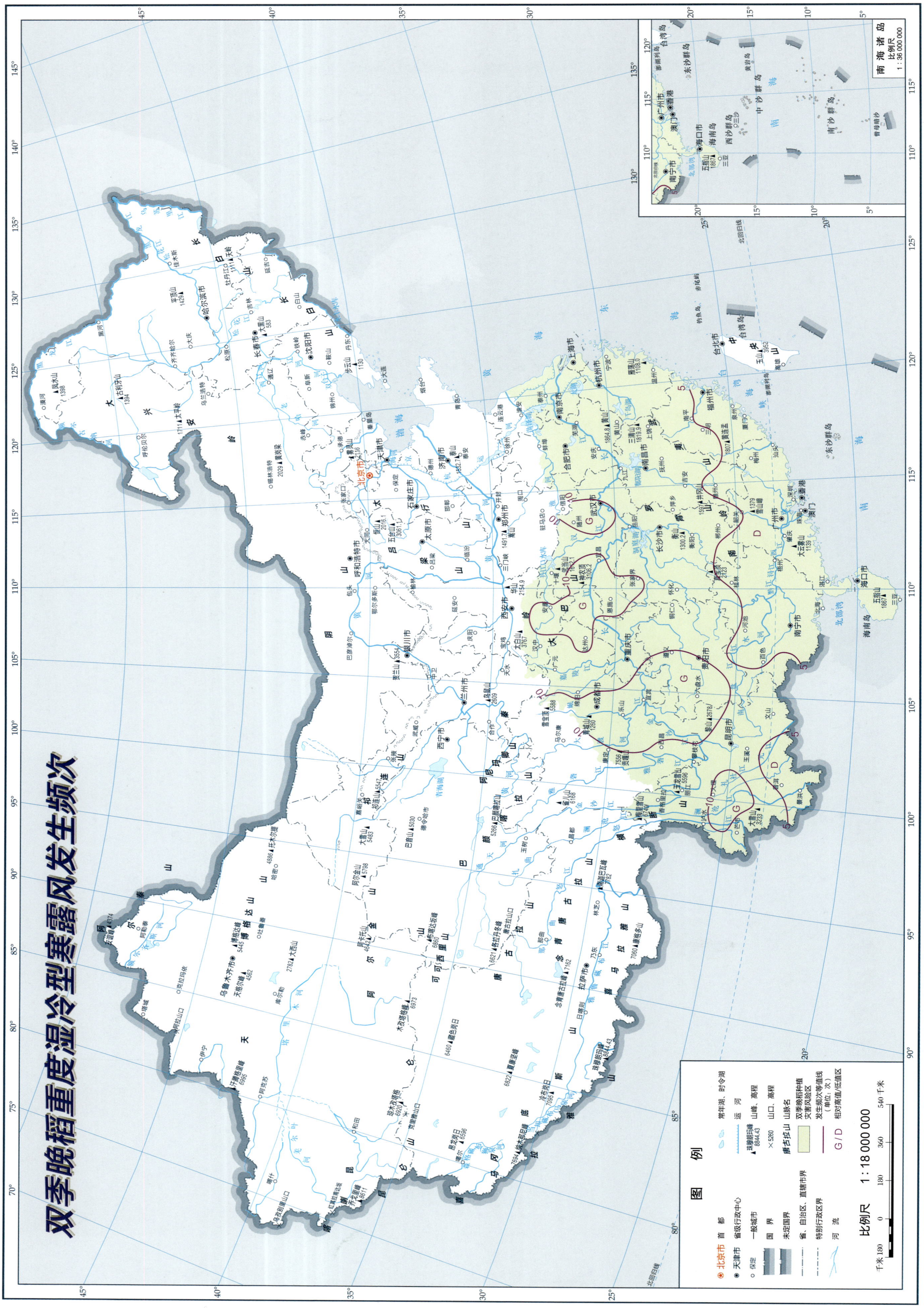
双季晚稻重度湿冷型寒露风发生频次
南海诸岛
比例尺 1:36 000 000
图例
北京市 首都
天津市 省级行政中心
保定 一般城市
国界
未定国界
省、自治区、直辖市界
特别行政区界
河流
常年湖、时令湖
运河
珠穆朗玛峰 8844.43 山峰、高程
×5260 山口、高程
唐古拉山 山脉名
双季晚稻种植灾害风险区
发生频次等值线（单位：次）
G/D 相对高值/低值区
比例尺 1:18 000 000
千米 180 0 180 360 540 千米

双季晚稻轻度干冷型寒露风（指标1）发生频率

双季晚稻轻度干冷型寒露风（指标1）发生频次

图　例

- 北京市　首　都
- 天津市　省级行政中心
- 保定　一般城市
- 国　界
- 未定国界
- 省、自治区、直辖市界
- 特别行政区界
- 河　流
- 常年湖、时令湖
- 运　河
- 珠穆朗玛峰 8844.43　山峰、高程
- ×5260　山口、高程
- 唐古拉山　山脉名
- 双季晚稻种植灾害风险区
- 发生频次等值线（单位：次）
- G / D　相对高值/低值区

比例尺　1：18 000 000

千米 180　0　180　360　540 千米

双季晚稻轻度干冷型寒露风（指标2）发生频率
图例
北京市 首都
天津市 省级行政中心
保定 一般城市
国界
未定国界
省、自治区、直辖市界
特别行政区界
河流
常年湖、时令湖
运河
珠穆朗玛峰 8844.43 山峰、高程
×5260 山口、高程
唐古拉山 山脉名
双季晚稻种植区 灾害风险区
发生频率等值线（单位：%）
G / D 相对高值/低值区
比例尺 1:18 000 000
南海诸岛
比例尺 1:36 000 000

双季晚稻轻度干冷型寒露风（指标2）发生频次

双季晚稻重度干冷型寒露风（指标1）发生频率

双季晚稻重度干冷型寒露风（指标1）发生频次

双季早稻中度5月低温（指标1）发生频率

双季早稻中度5月低温（指标1）发生频次

双季早稻中度5月低温（指标2）发生频率

双季早稻中度5月低温（指标2）发生频次

双季早稻重度5月低温（指标1）发生频率

双季早稻重度5月低温（指标1）发生频次

图例

- 北京市 首都
- 天津市 省级行政中心
- 保定 一般城市
- 国界
- 未定国界
- 省、自治区、直辖市界
- 特别行政区界
- 河流
- 常年湖、时令湖
- 运河
- 珠穆朗玛峰 8844.43 山峰、高程
- ×5260 山口、高程
- 唐古拉山 山脉名
- 双季早稻种植灾害风险区
- 发生频次等值线（单位：次）
- G/D 相对高值/低值区

比例尺 1∶18 000 000

双季早稻重度5月低温（指标2）发生频率

双季早稻重度5月低温（指标2）发生频次

双季早稻抽穗开花期高温（指标1）发生频率

双季早稻抽穗开花期高温（指标1）发生频次
南海诸岛
比例尺 1:36 000 000
图 例
北京市 首 都
天津市 省级行政中心
保定 一般城市
国 界
未定国界
省、自治区、直辖市界
特别行政区界
河 流
常年湖、时令湖
运 河
珠穆朗玛峰 8844.43 山峰、高程
山口、高程
唐古拉山 山脉名
双季早稻种植区
发生频次等值线（单位：次）
G/D 相对高值/低值区
比例尺 1:18 000 000

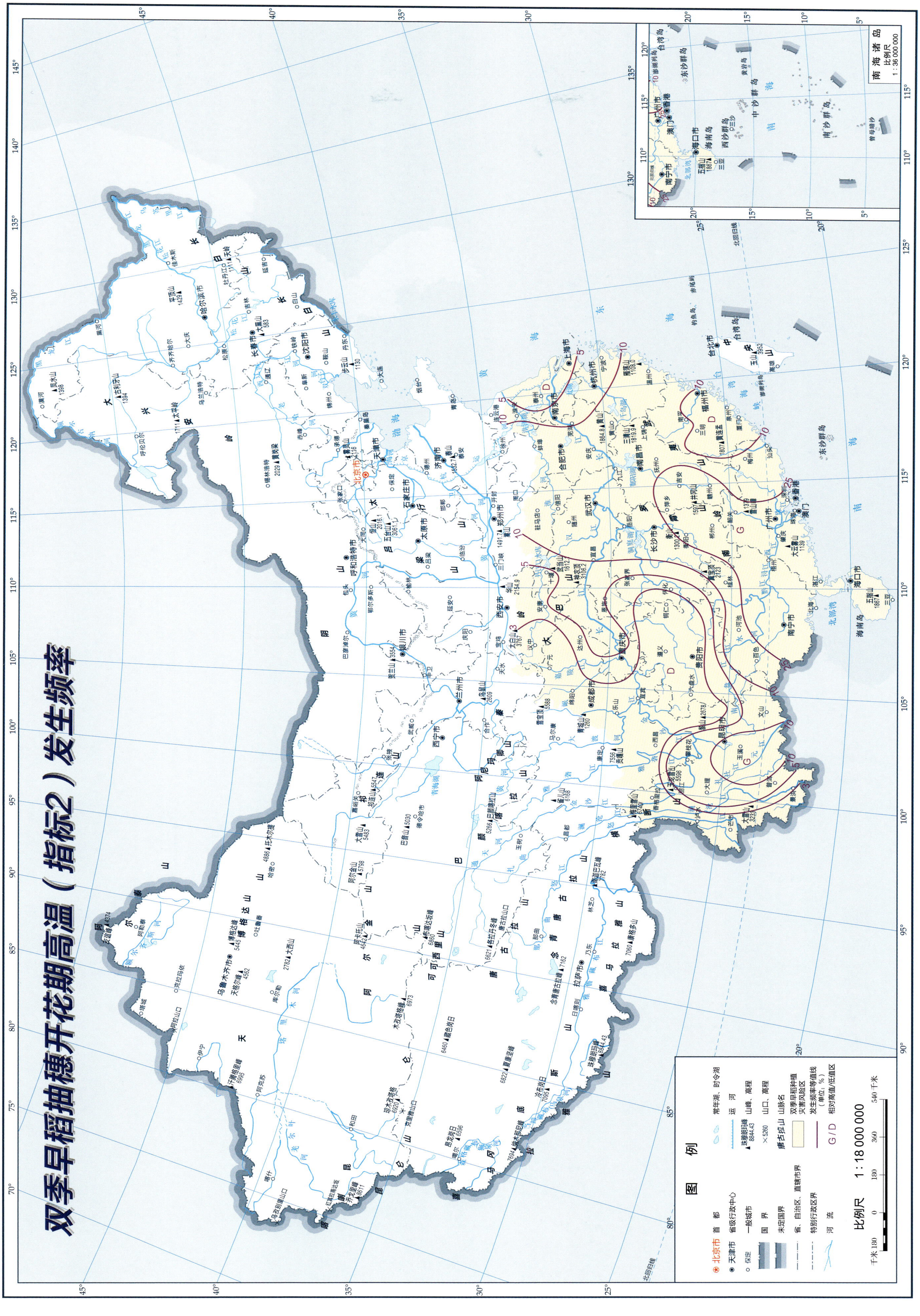
双季早稻抽穗开花期高温（指标2）发生频率
图例
北京市 首都
天津市 省级行政中心
保定 一般城市
国界
未定国界
省、自治区、直辖市界
特别行政区界
河流
常年湖、时令湖
运河
珠穆朗玛峰 8844.43 山峰、高程
×5260 山口、高程
唐古拉山 山脉名
双季早稻种植灾害风险区
发生频率等值线（单位：%）
G/D 相对高值/低值区
比例尺 1:18 000 000
南海诸岛
比例尺 1:36 000 000

双季早稻抽穗开花期高温（指标2）发生频次

双季早稻灌浆结实期高温发生频率

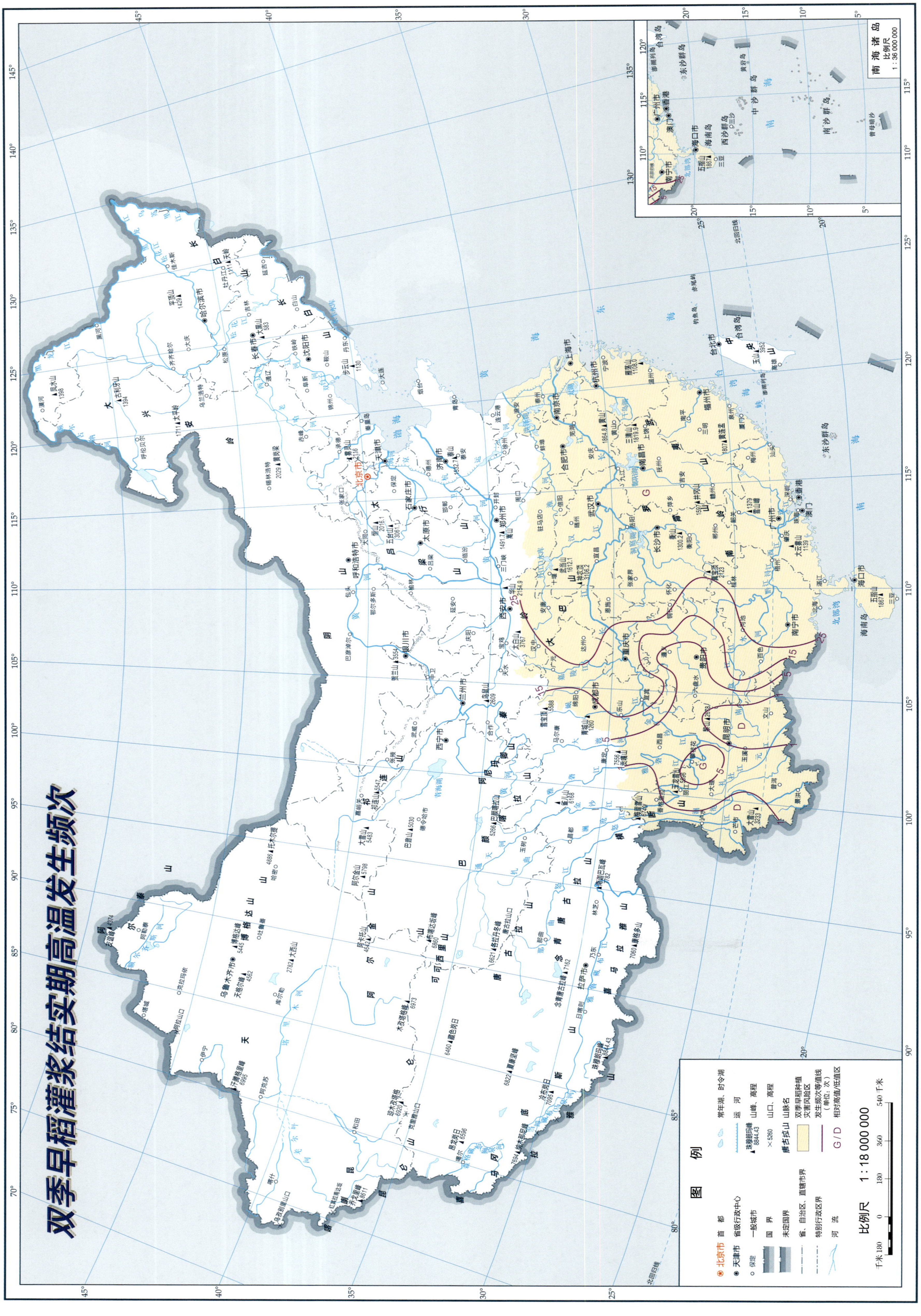
双季早稻灌浆结实期高温发生频次
图例
北京市 首都
天津市 省级行政中心
保定 一般城市
国界
未定国界
省、自治区、直辖市界
特别行政区界
河流
常年湖、时令湖
运河
珠穆朗玛峰 8844.43 山峰、高程
×5260 山口、高程
唐古拉山 山脉名
双季早稻种植灾害风险区
发生频次等值线（单位：次）
G/D 相对高值/低值区
比例尺 1：18 000 000
南海诸岛
比例尺 1：36 000 000

双季晚稻育秧期高温（指标1）发生频率

双季晚稻育秧期高温（指标1）发生频次

双季晚稻育秧期高温（指标2）发生频率

双季晚稻育秧期高温（指标2）发生频次
图例
北京市 首都
天津市 省级行政中心
保定 一般城市
国界
未定国界
省、自治区、直辖市界
特别行政区界
河流
常年湖、时令湖
运河
珠穆朗玛峰 8844.43 山峰、高程
×5260 山口、高程
唐古拉山 山脉名
双季晚稻种植灾害风险区
发生频次等值线（单位：次）
G/D 相对高值/低值区
比例尺 1:18 000 000
南海诸岛
比例尺 1:36 000 000

双季晚稻抽穗开花期高温（指标1）发生频率

双季晚稻抽穗开花期高温（指标1）发生频次

双季晚稻抽穗开花期高温（指标2）发生频率

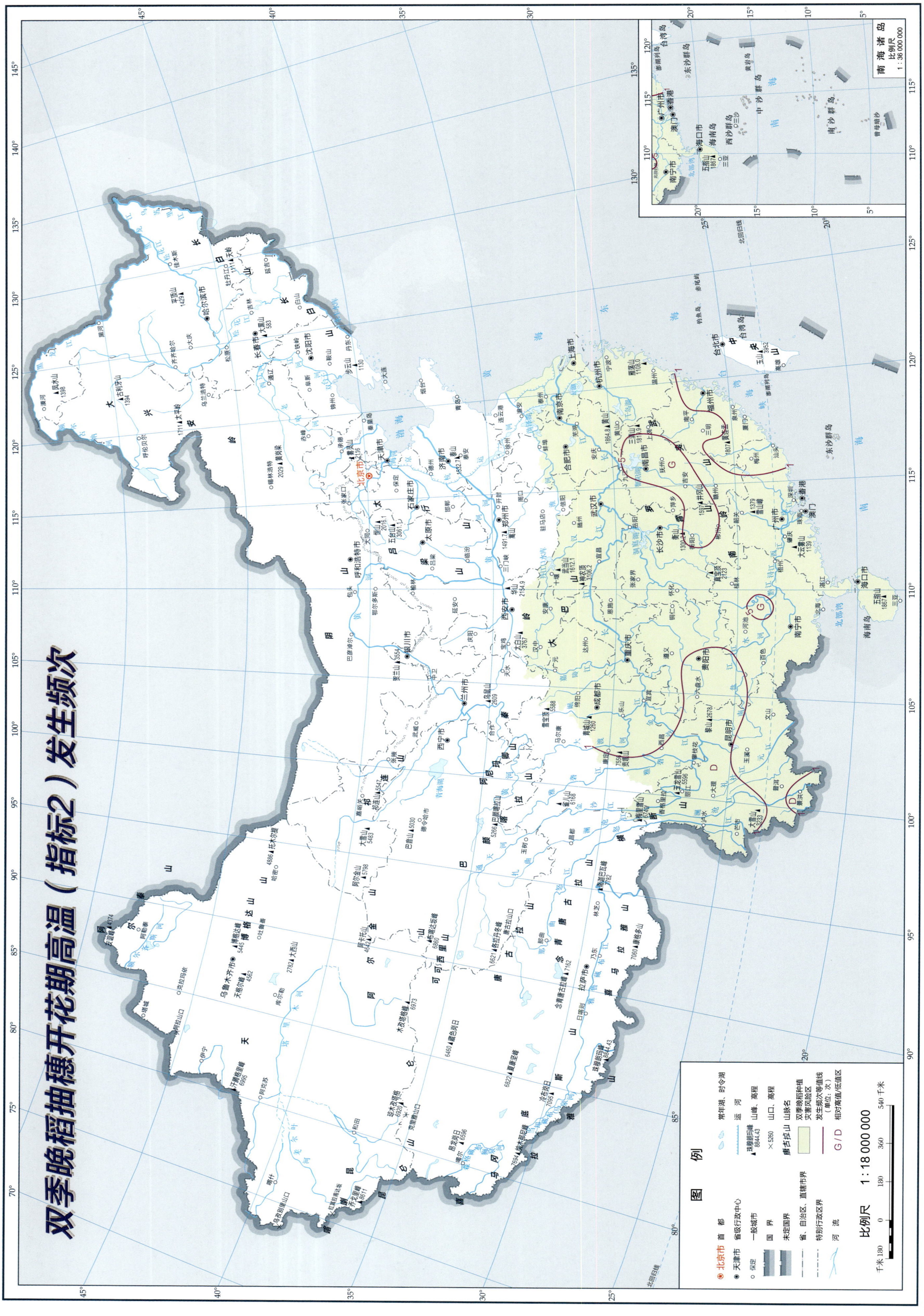
双季晚稻抽穗开花期高温（指标2）发生频次
图例
北京市 首都
天津市 省级行政中心
保定 一般城市
国界
未定国界
省、自治区、直辖市界
特别行政区界
河流
常年湖、时令湖
运河
珠穆朗玛峰 8844.43 山峰、高程
×5260 山口、高程
唐古拉山 山脉名
双季晚稻种植灾害风险区
发生频次等值线（单位：次）
G/D 相对高值/低值区
比例尺 1:18 000 000
南海诸岛
比例尺 1:36 000 000

双季晚稻轻度湿冷型寒露风发生频率
图例
北京市 首都
天津市 省级行政中心
保定 一般城市
国界
未定国界
省、自治区、直辖市界
特别行政区界
河流
常年湖、时令湖
运河
珠穆朗玛峰 8844.43 山峰、高程
×5260 山口、高程
唐古拉山 山脉名
双季晚稻种植灾害风险区
发生频率等值线（单位：%）
G/D 相对高值/低值区
比例尺 1:18 000 000
南海诸岛
比例尺 1:36 000 000

双季晚稻轻度湿冷型寒露风发生频次

双季晚稻重度湿冷型寒露风发生频率
图例
北京市 首都
天津市 省级行政中心
保定 一般城市
国界
未定国界
省、自治区、直辖市界
特别行政区界
河流
常年湖、时令湖
运河
珠穆朗玛峰 8844.43 山峰、高程
×5260 山口、高程
唐古拉山 山脉名
双季晚稻种植灾害风险区
发生频率等值线（单位：%）
G/D 相对高值/低值区
比例尺 1：18 000 000
南海诸岛
比例尺 1：36 000 000

双季晚稻重度湿冷型寒露风发生频次
图例
北京市 首都
天津市 省级行政中心
保定 一般城市
国界
未定国界
省、自治区、直辖市界
特别行政区界
河流
常年湖、时令湖
运河
珠穆朗玛峰 8844.43 山峰、高程
×5280 山口、高程
唐古拉山 山脉名
双季晚稻种植灾害风险区
发生频次等值线（单位：次）
G/D 相对高值/低值区
比例尺 1:18 000 000
南海诸岛
比例尺 1:36 000 000

双季晚稻轻度干冷型寒露风（指标1）发生频率

双季晚稻轻度干冷型寒露风（指标1）发生频次

双季晚稻轻度干冷型寒露风（指标2）发生频率

双季晚稻轻度干冷型寒露风（指标2）发生频次

双季晚稻重度干冷型寒露风（指标1）发生频率

双季晚稻重度干冷型寒露风（指标1）发生频次

双季晚稻重度干冷型寒露风（指标2）发生频率

双季晚稻重度干冷型寒露风（指标2）发生频次

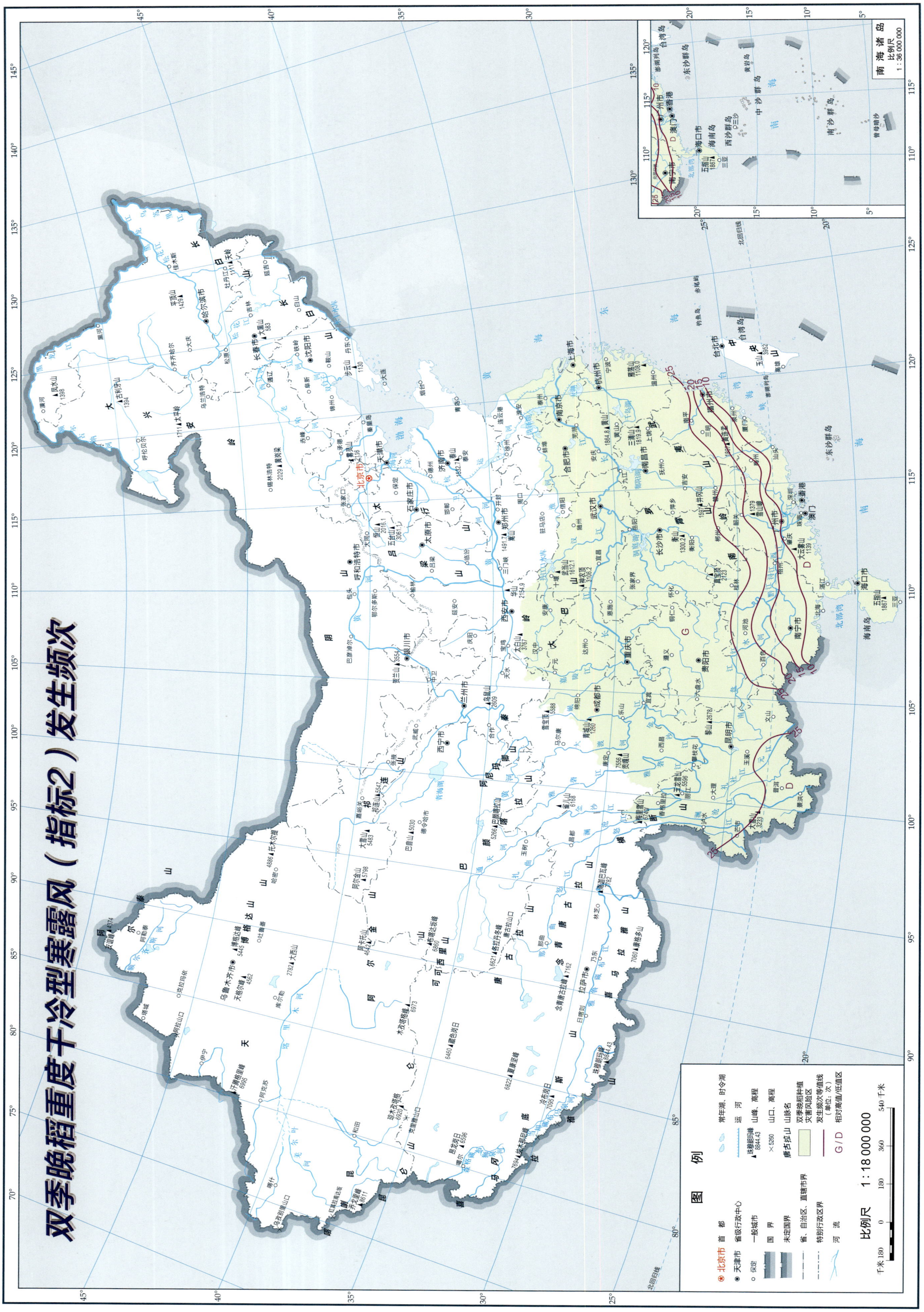

春小麦拔节期轻旱发生频率

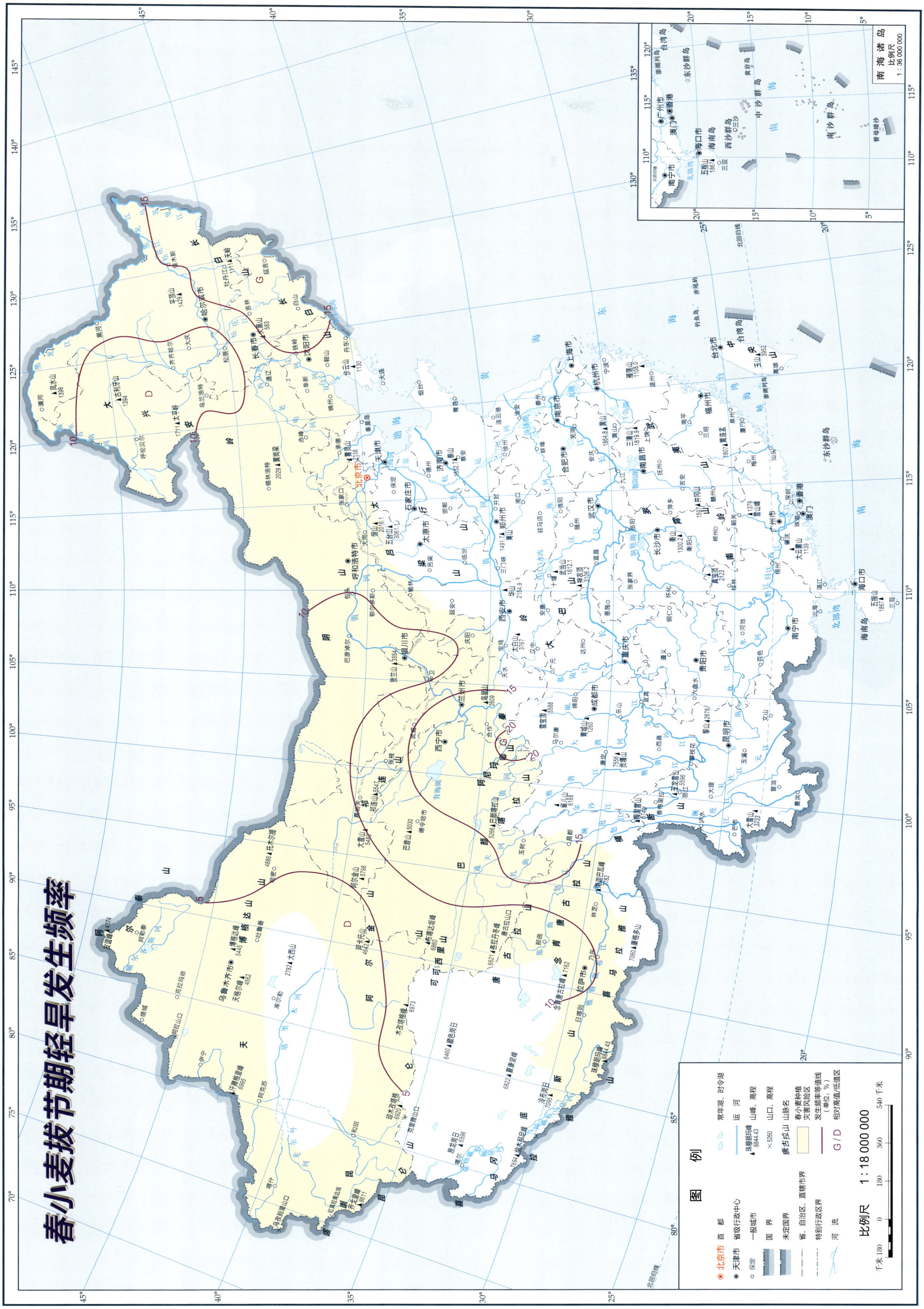

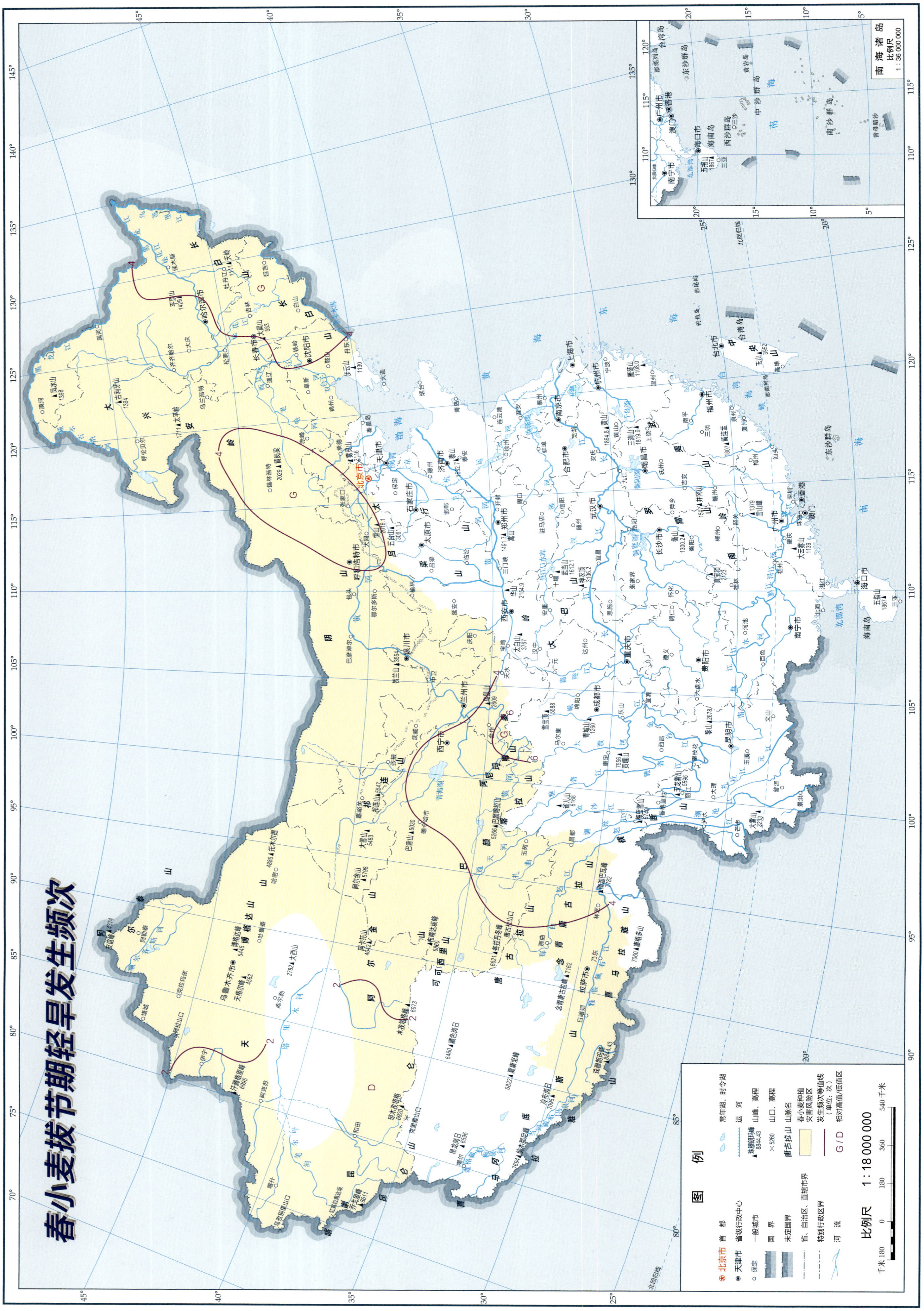
春小麦拔节期轻旱发生频次
图例
北京市 首都
天津市 省级行政中心
保定 一般城市
国界
未定国界
省、自治区、直辖市界
特别行政区界
河流
常年湖、时令湖
运河
珠穆朗玛峰 8844.43 山峰、高程
×5260 山口、高程
唐古拉山 山脉名
春小麦种植灾害风险区
发生频次等值线（单位：次）
G/D 相对高值/低值区
比例尺 1:18 000 000
南海诸岛
比例尺 1:36 000 000

春小麦拔节期中旱发生频率

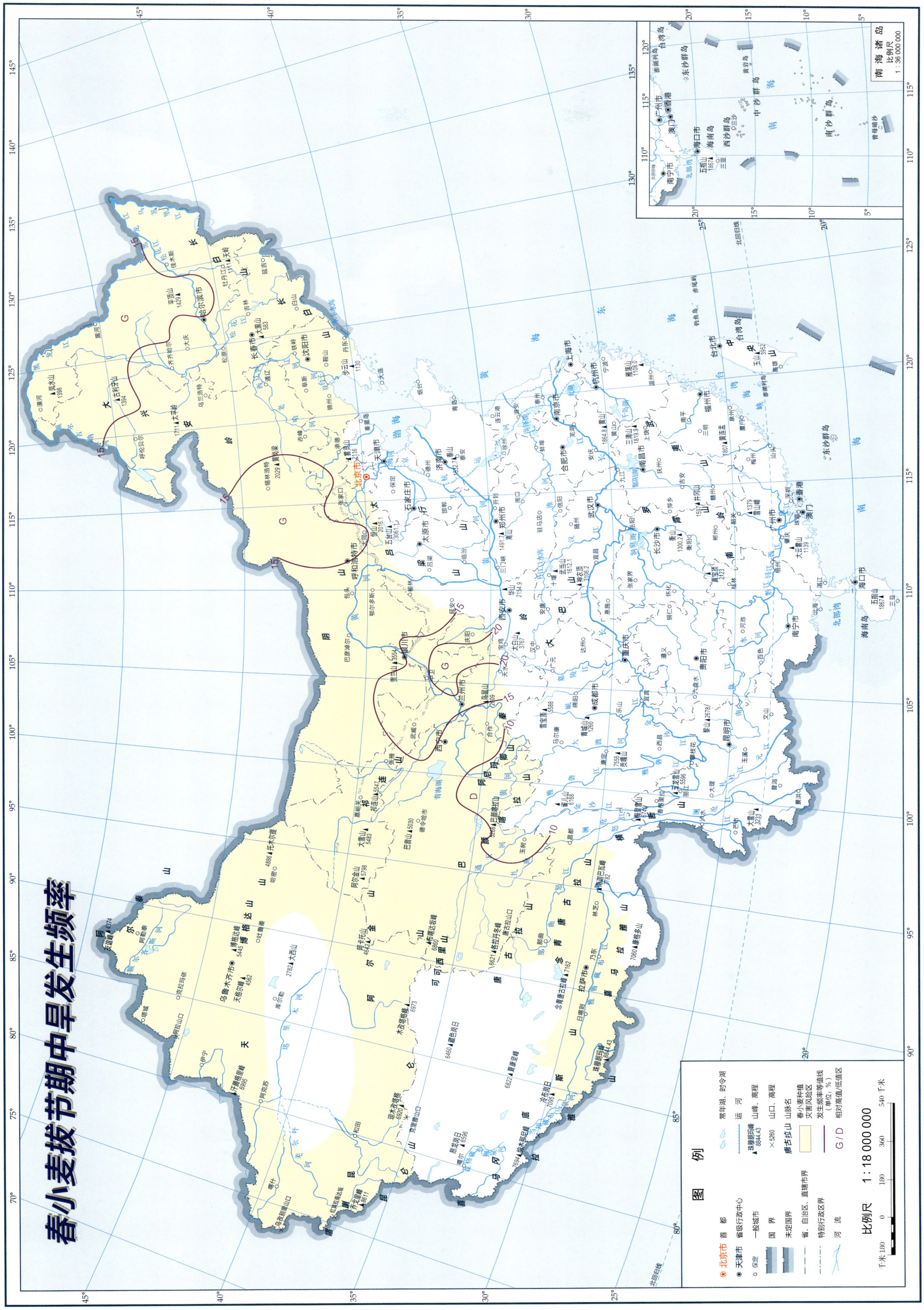

春小麦拔节期中旱发生频次

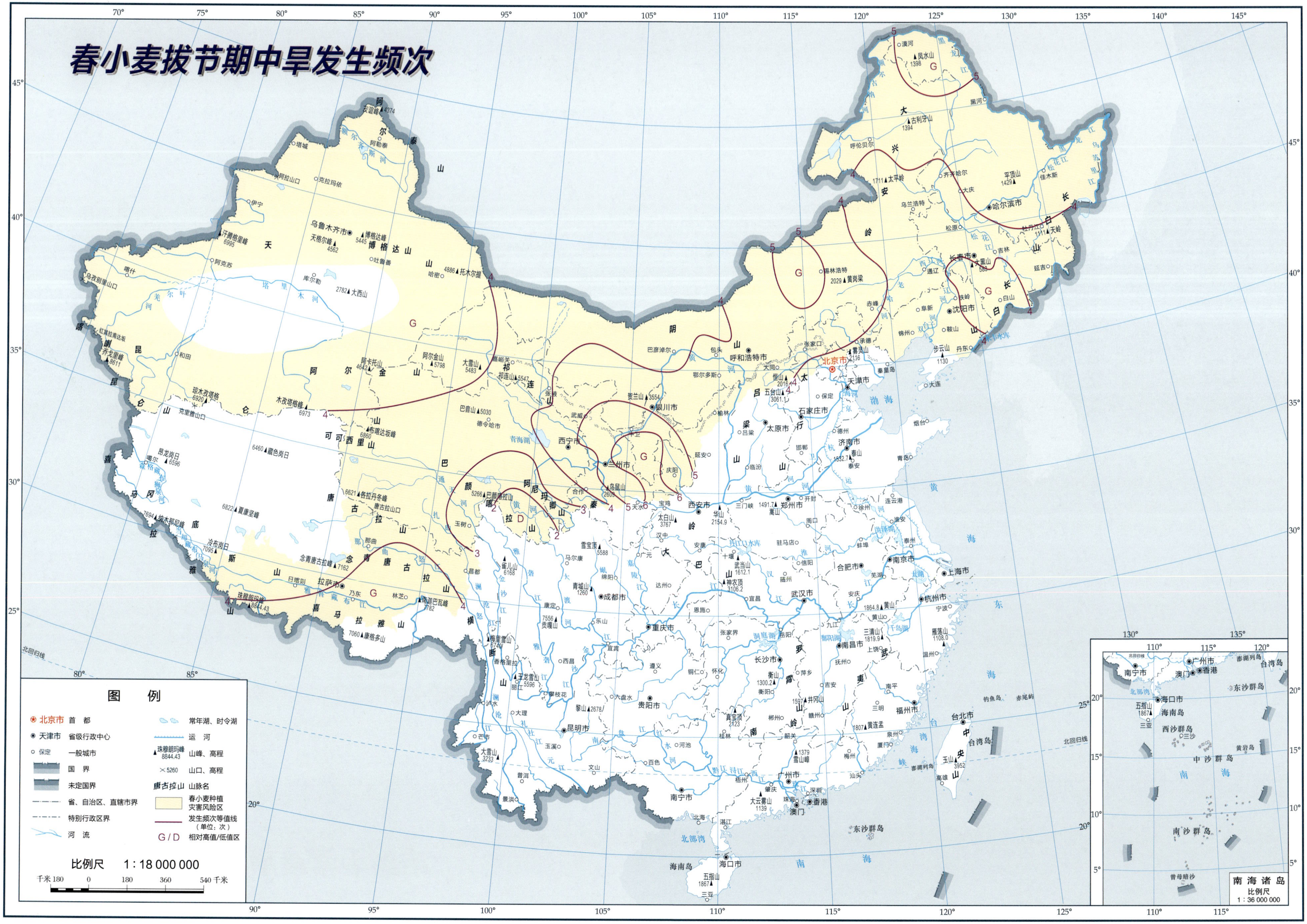

春小麦拔节期重旱发生频率

春小麦拔节期重旱发生频次

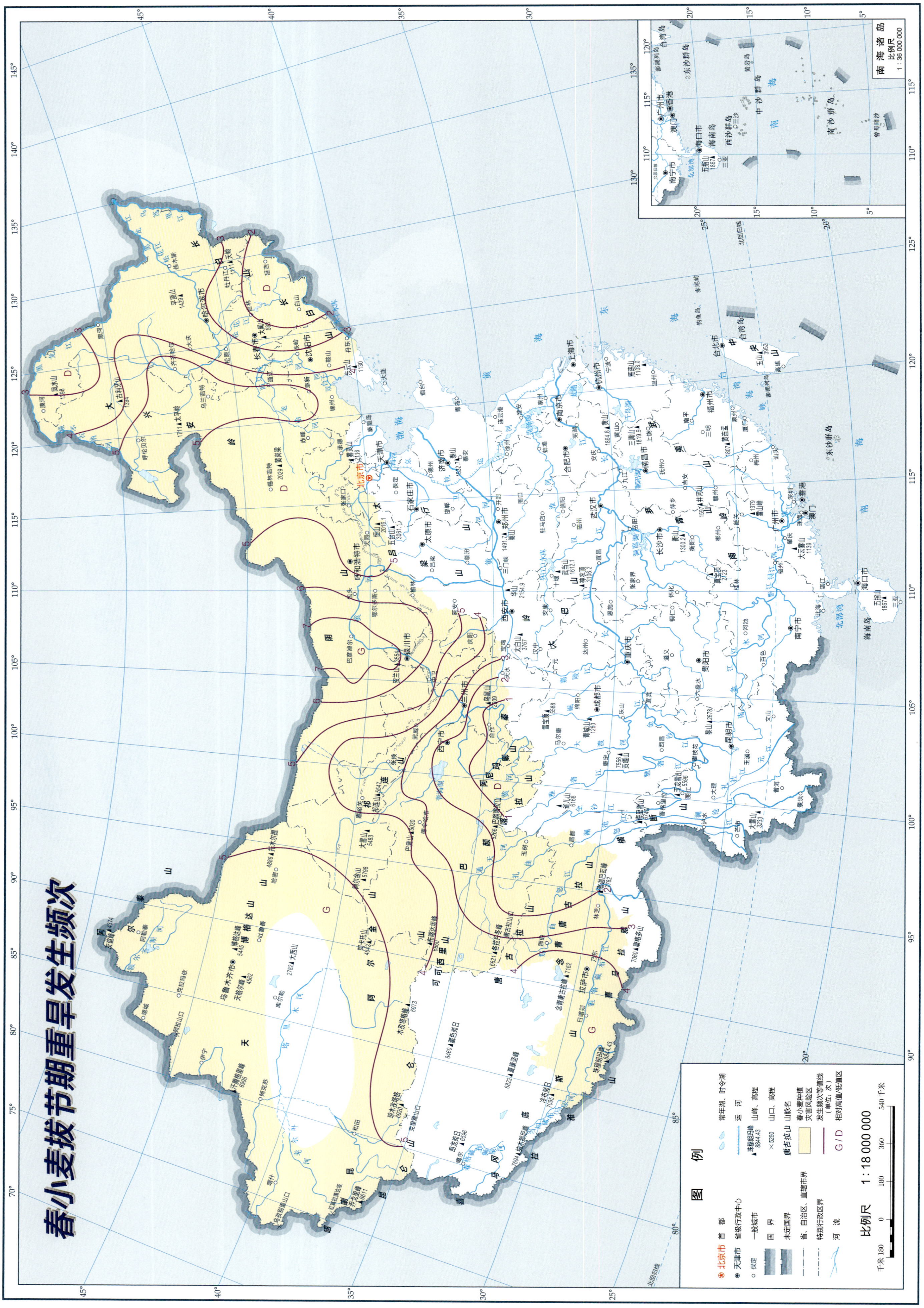

春麦区轻度干热风发生频率

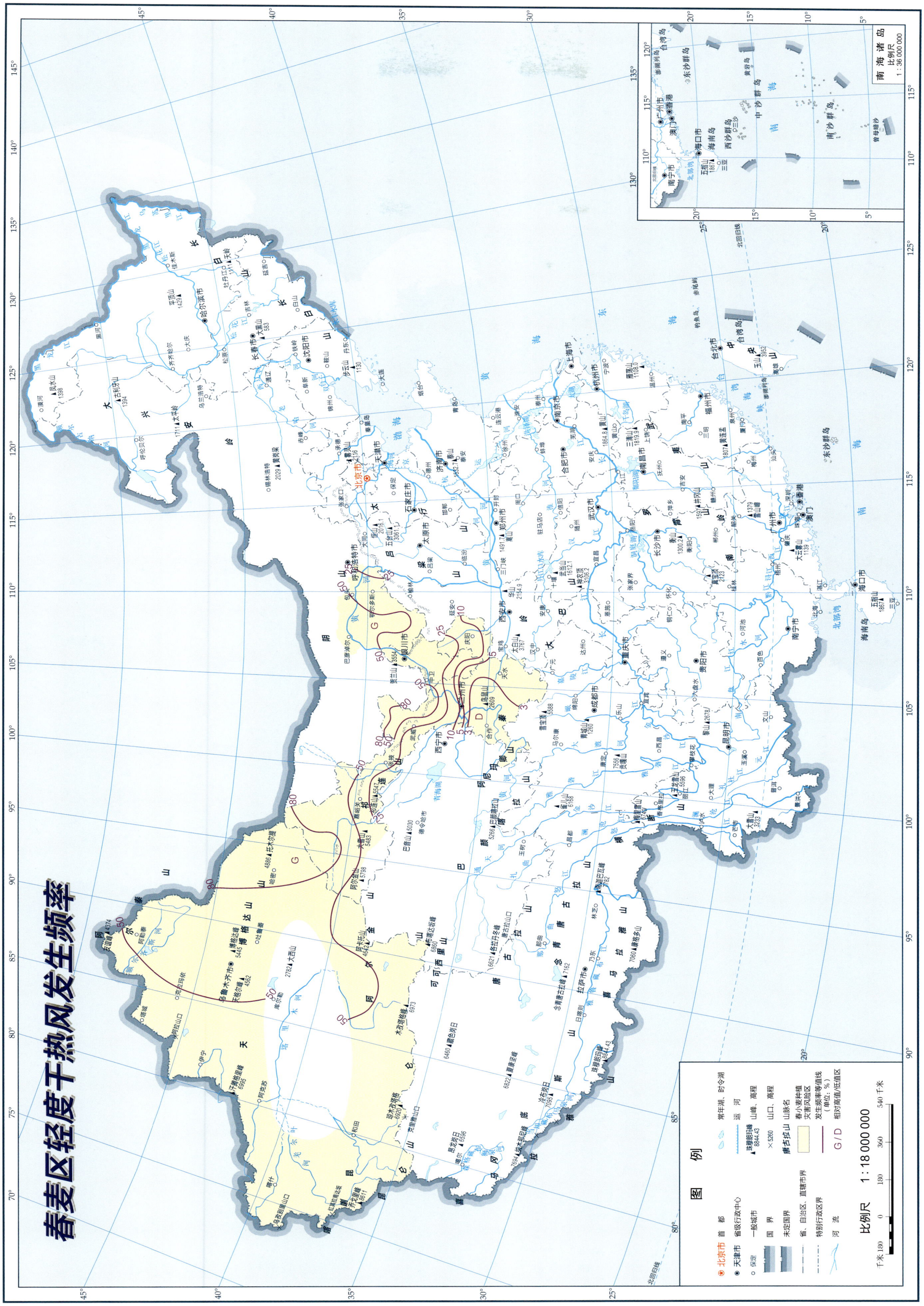

春麦区轻度干热风发生频次

春麦区重度干热风发生频率

春麦区重度干热风发生频次

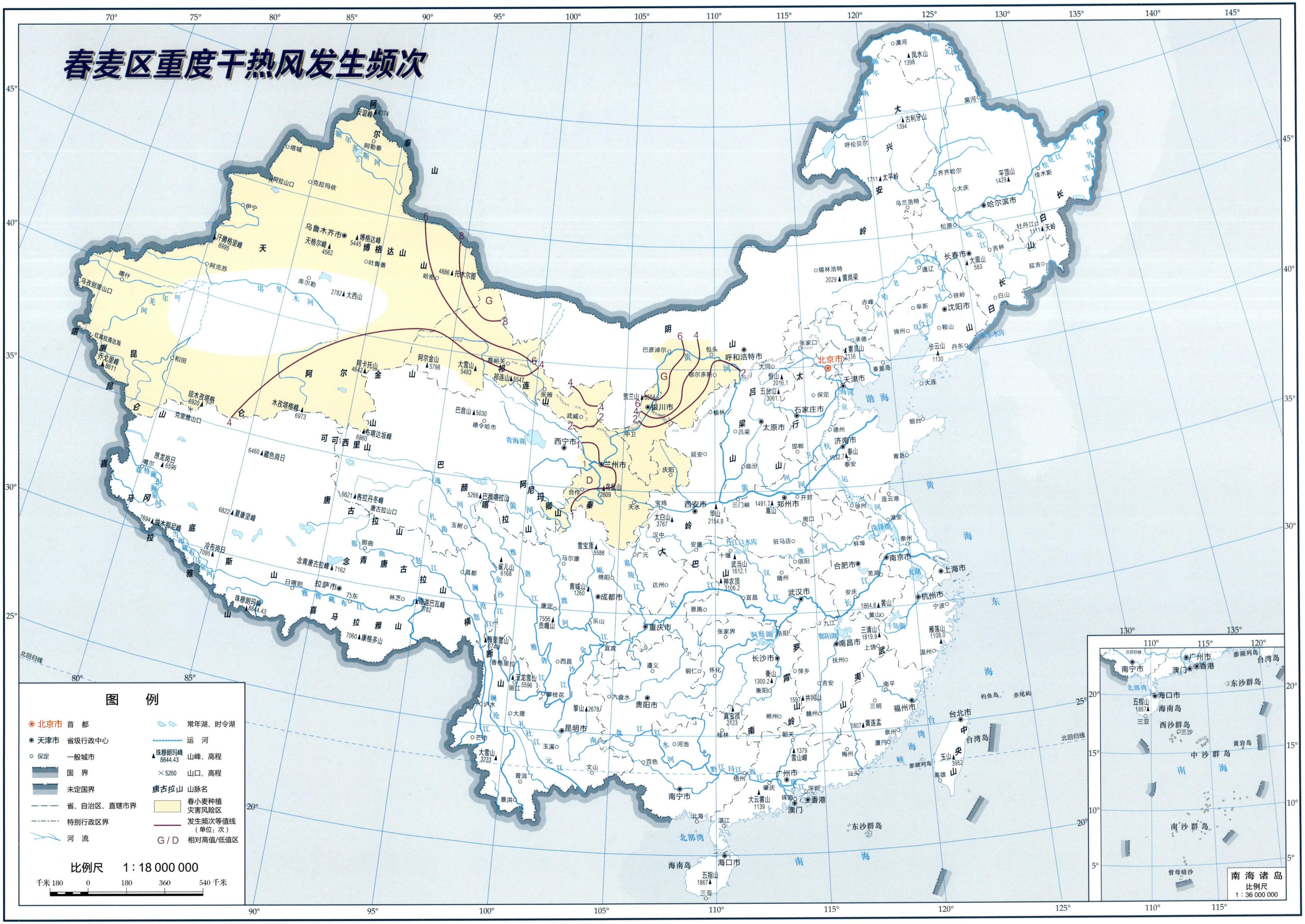

春小麦播种期—成熟期轻旱发生频率

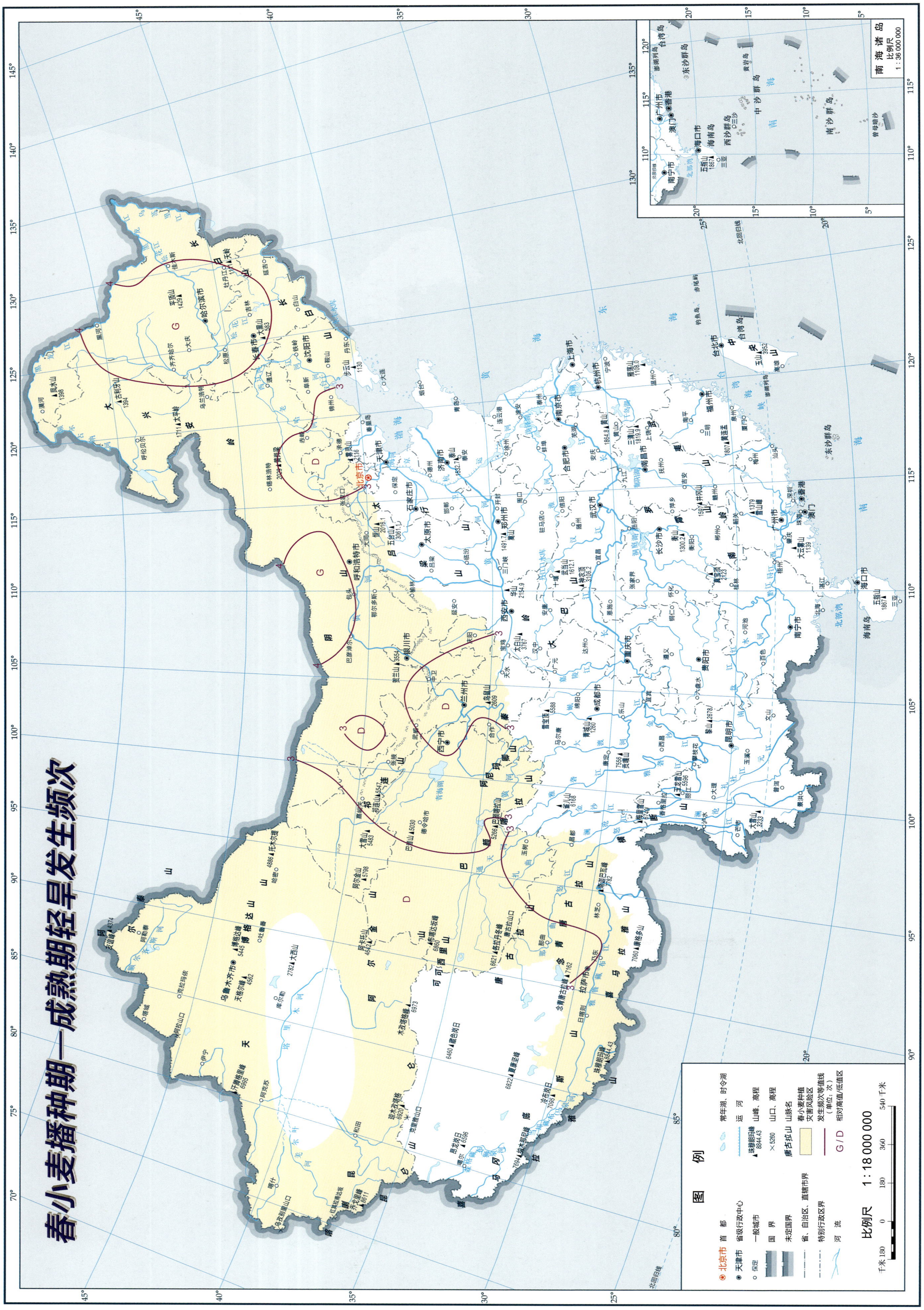
春小麦播种期—成熟期轻旱发生频次
图 例
北京市 首 都
天津市 省级行政中心
保定 一般城市
国 界
未定国界
省、自治区、直辖市界
特别行政区界
河 流
常年湖、时令湖
运 河
珠穆朗玛峰 8844.43 山峰、高程
×5260 山口、高程
唐古拉山 山脉名
春小麦种植灾害风险区
发生频次等值线（单位：次）
G/D 相对高值/低值区
比例尺 1:18 000 000
南海诸岛
比例尺 1:36 000 000

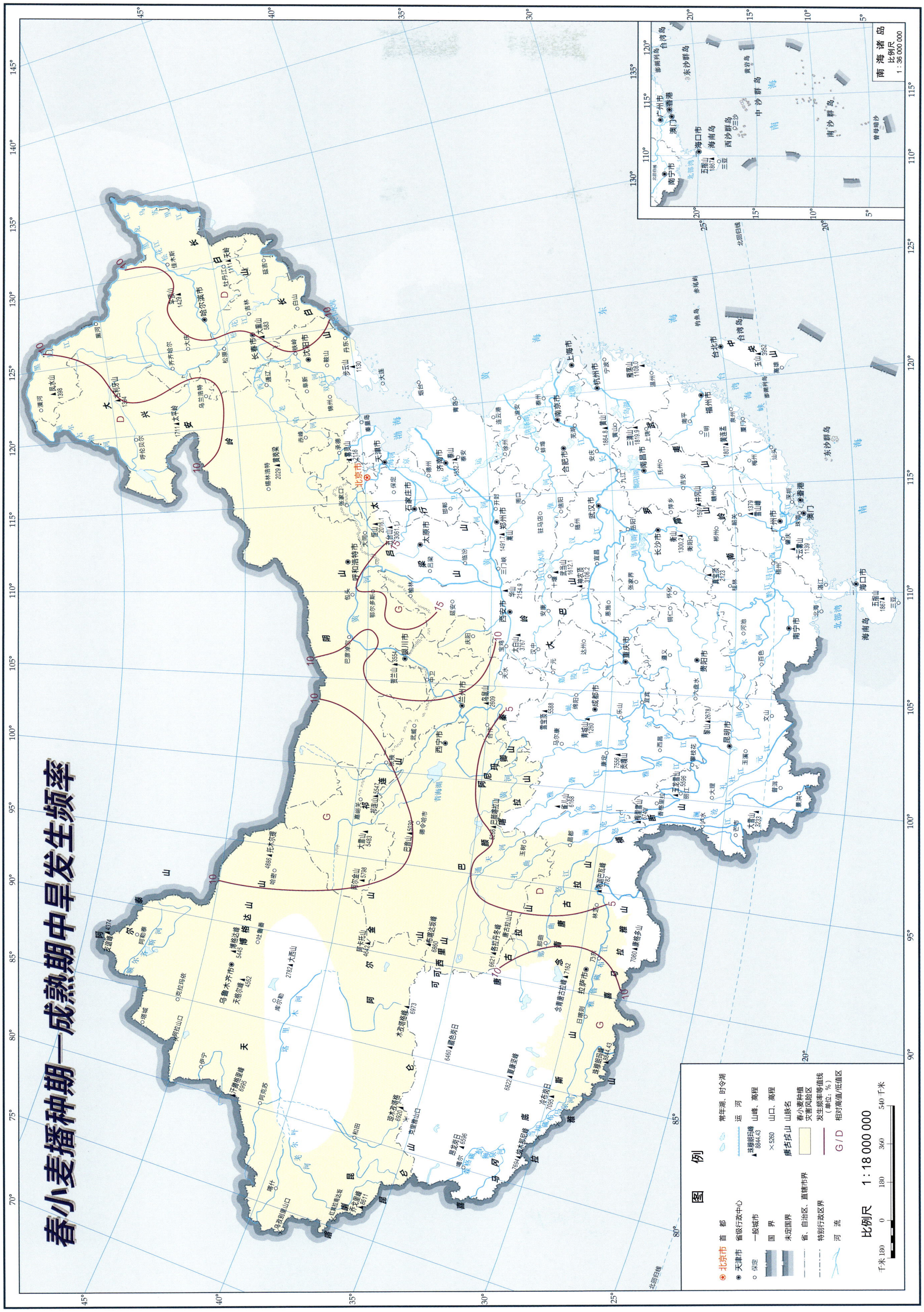
春小麦播种期—成熟期中旱发生频率
图例
北京市 首都
天津市 省级行政中心
保定 一般城市
国界
未定国界
省、自治区、直辖市界
特别行政区界
河流
常年湖、时令湖
运河
珠穆朗玛峰 8844.43 山峰、高程
×5260 山口、高程
唐古拉山 山脉名
春小麦种植灾害风险区
发生频率等值线（单位：%）
G/D 相对高值/低值区
比例尺 1:18 000 000
南海诸岛
比例尺 1:36 000 000

春小麦播种期—成熟期中旱发生频次

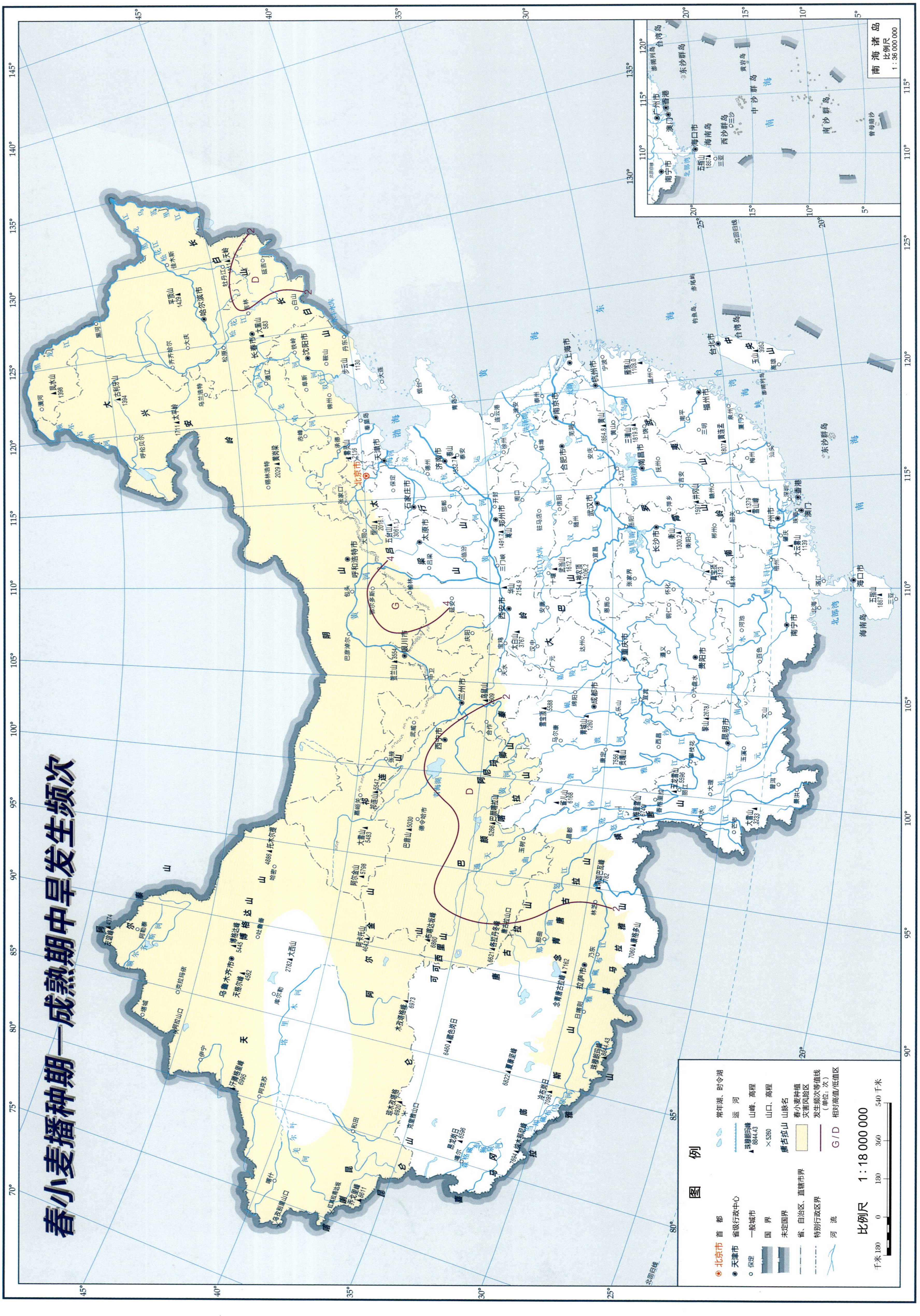

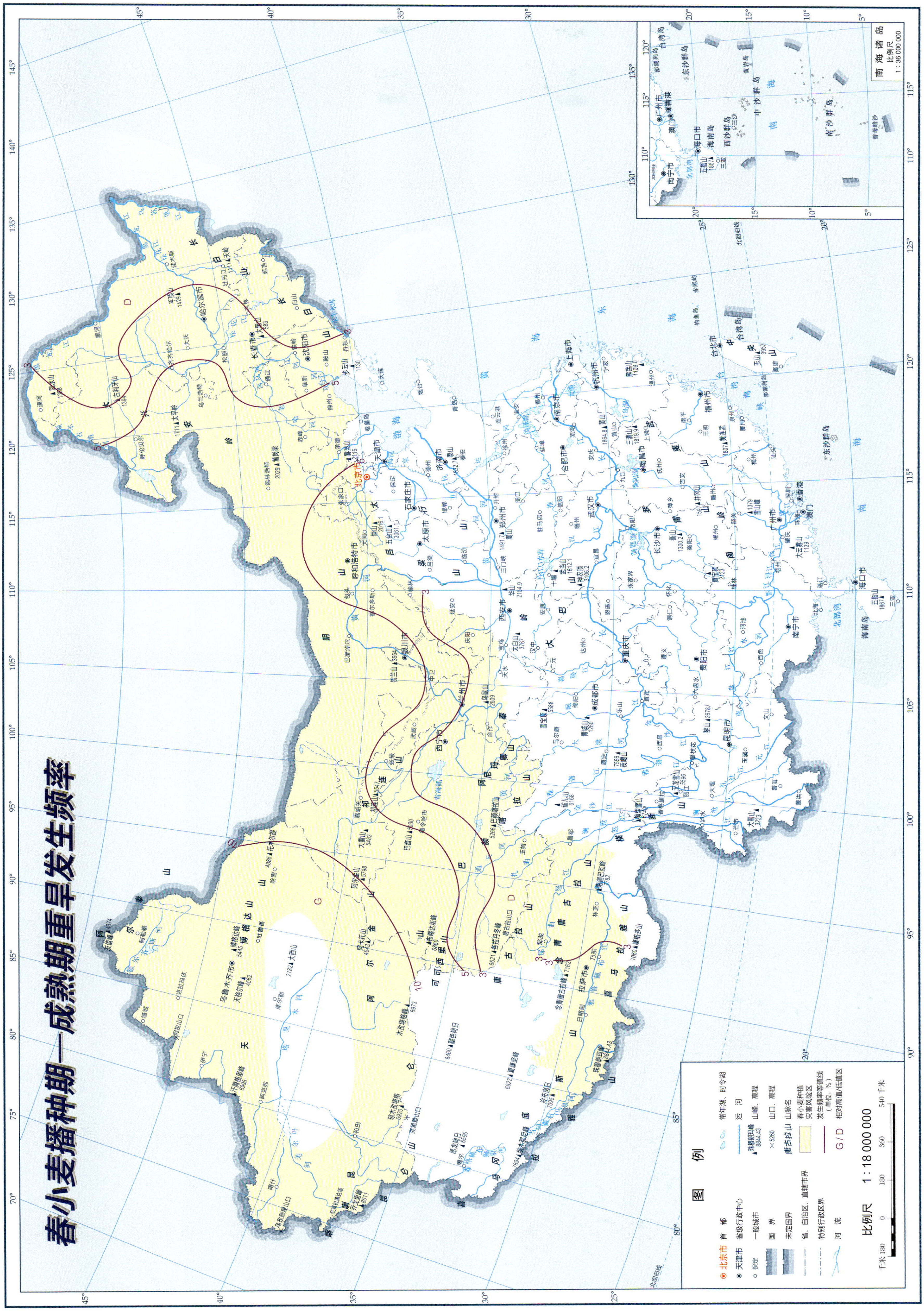
春小麦播种期—成熟期重旱发生频率
南海诸岛
比例尺 1:36 000 000
图例
北京市 首都
天津市 省级行政中心
保定 一般城市
国界
未定国界
省、自治区、直辖市界
特别行政区界
河流
常年湖、时令湖
运河
珠穆朗玛峰 8844.43 山峰、高程
山口、高程
唐古拉山 山脉名
春小麦种植灾害风险区
发生频率等值线（单位：%）
G / D 相对高值/低值区
比例尺 1:18 000 000

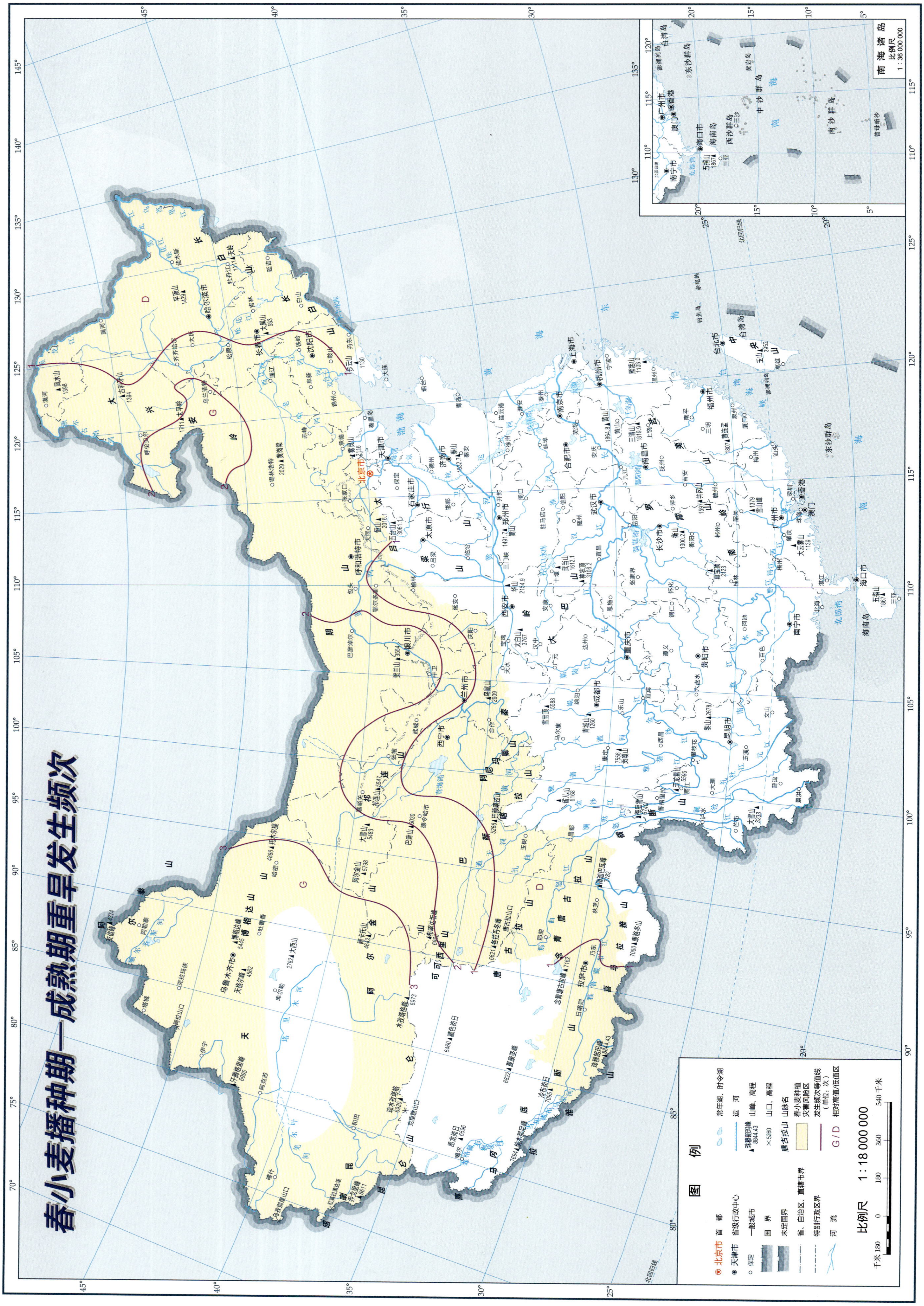

春小麦播种期—成熟期重旱发生频次
图例
北京市 首都
天津市 省级行政中心
保定 一般城市
国界
未定国界
省、自治区、直辖市界
特别行政区界
河流
常年湖、时令湖
运河
珠穆朗玛峰 8844.43 山峰、高程
×5260 山口、高程
唐古拉山 山脉名
春小麦种植受灾害风险区
发生频次等值线（单位：次）
G/D 相对高值/低值区
比例尺 1：18 000 000
南海诸岛
比例尺 1：36 000 000

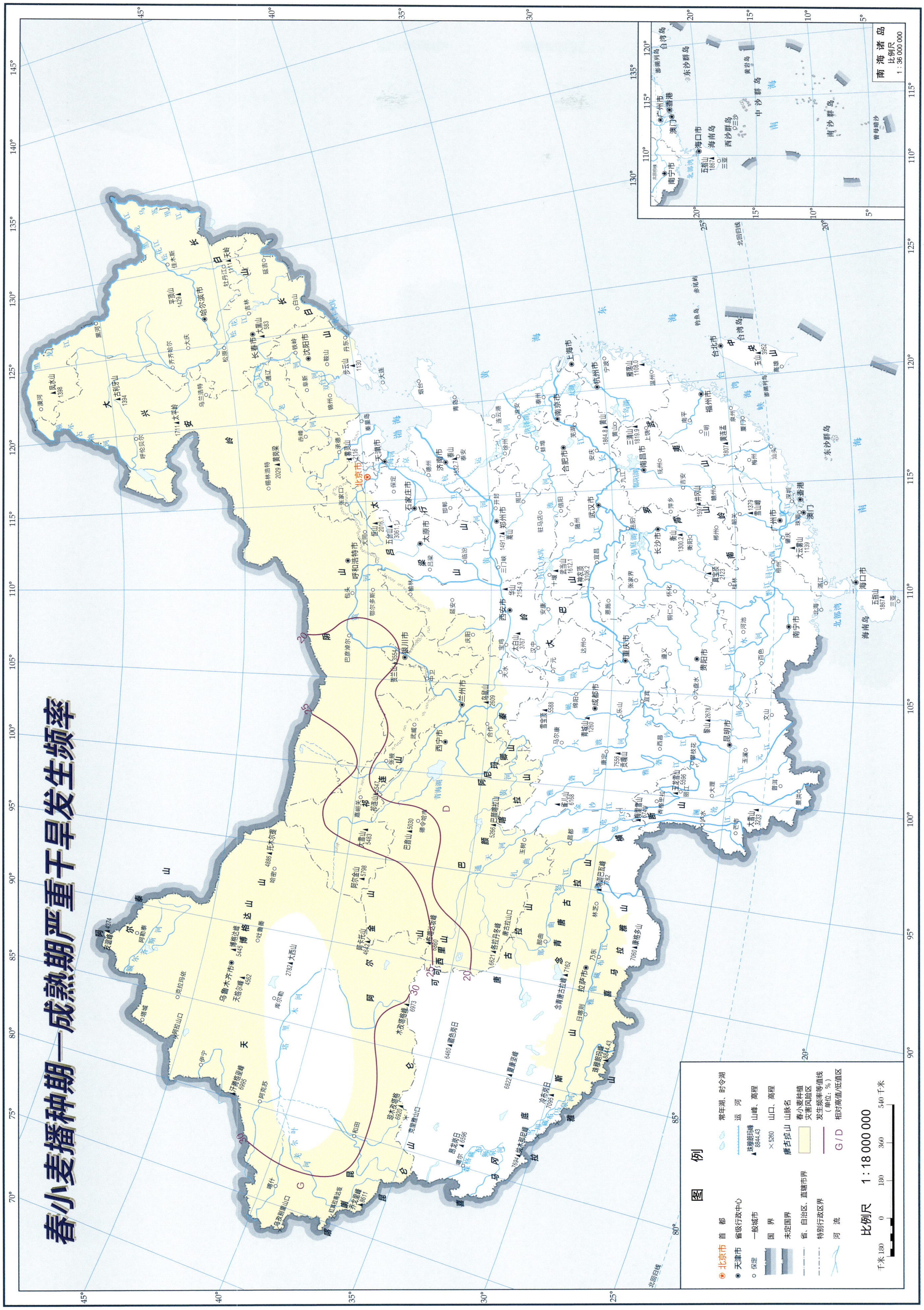
春小麦播种期—成熟期严重干旱发生频率
南海诸岛
比例尺 1：36 000 000
图例
北京市 首都
天津市 省级行政中心
保定 一般城市
国界
未定国界
省、自治区、直辖市界
特别行政区界
河流
常年湖、时令湖
运河
珠穆朗玛峰 8844.43 山峰、高程
×5260 山口、高程
唐古拉山 山脉名
春小麦种植灾害风险区
发生频率等值线（单位：%）
G / D 相对高值/低值区
比例尺 1：18 000 000
千米 180 0 180 360 540 千米

春小麦播种期—成熟期严重干旱发生频次

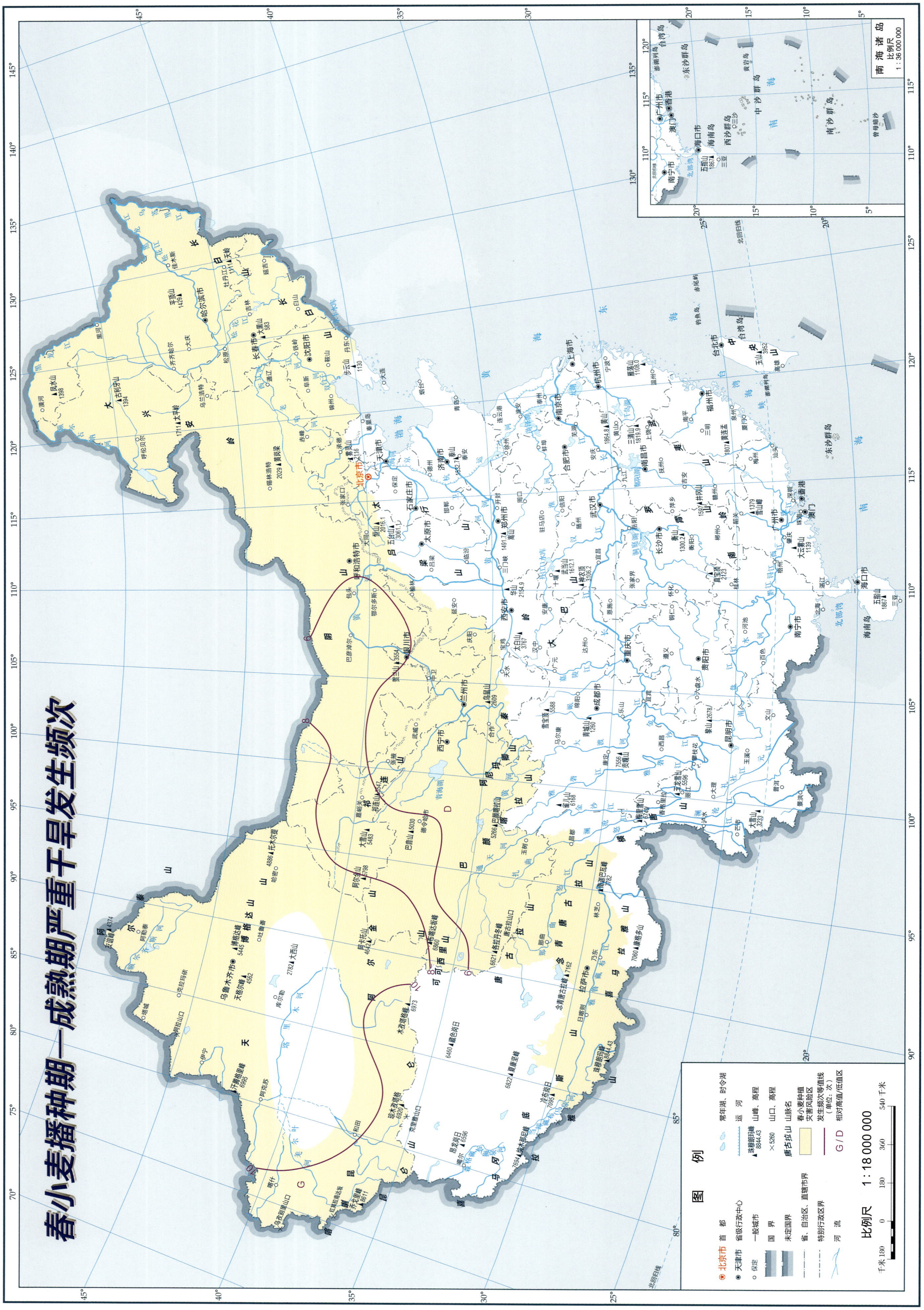

冬小麦分蘖期高温发生频率

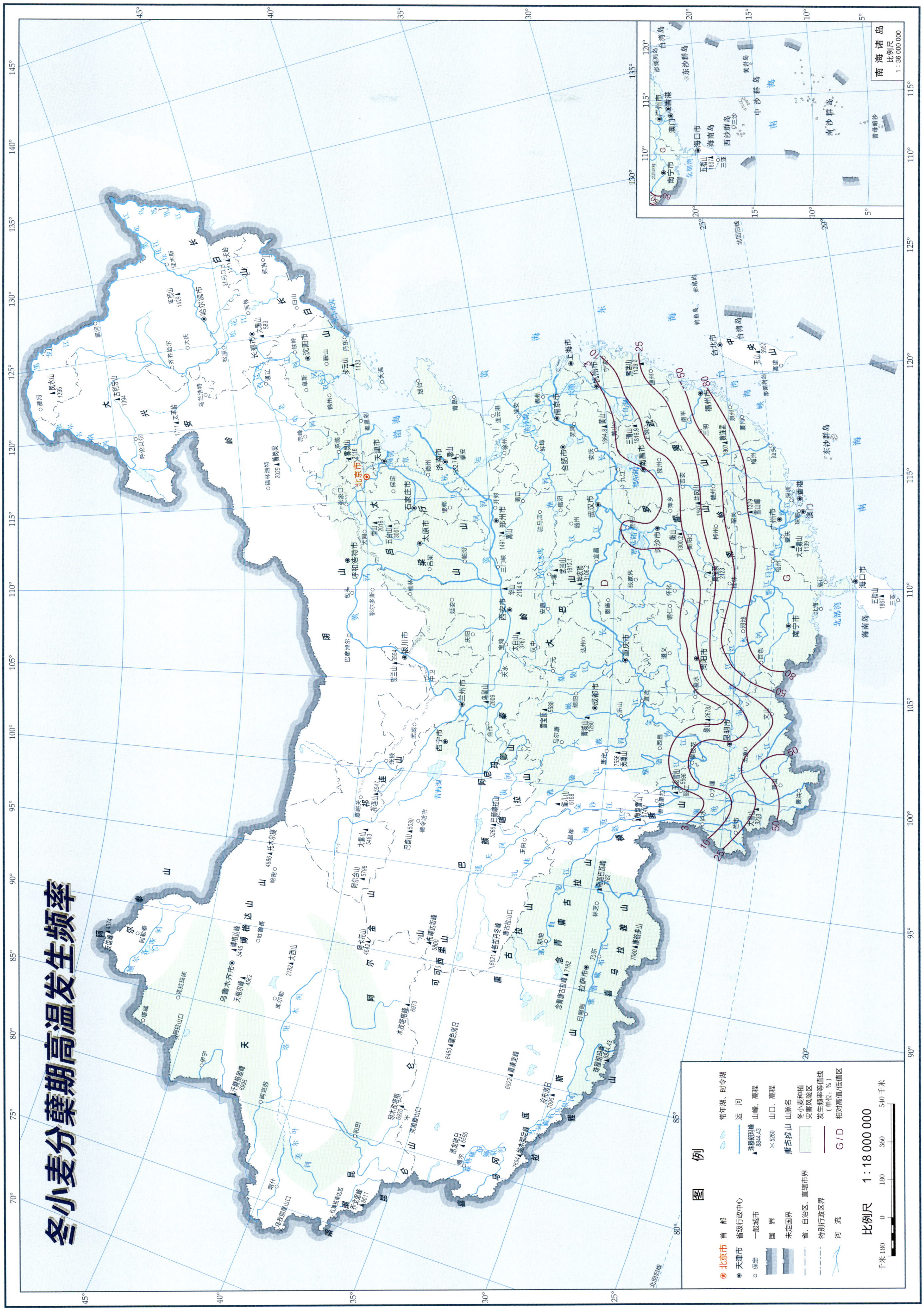

冬小麦分蘖期高温发生频次

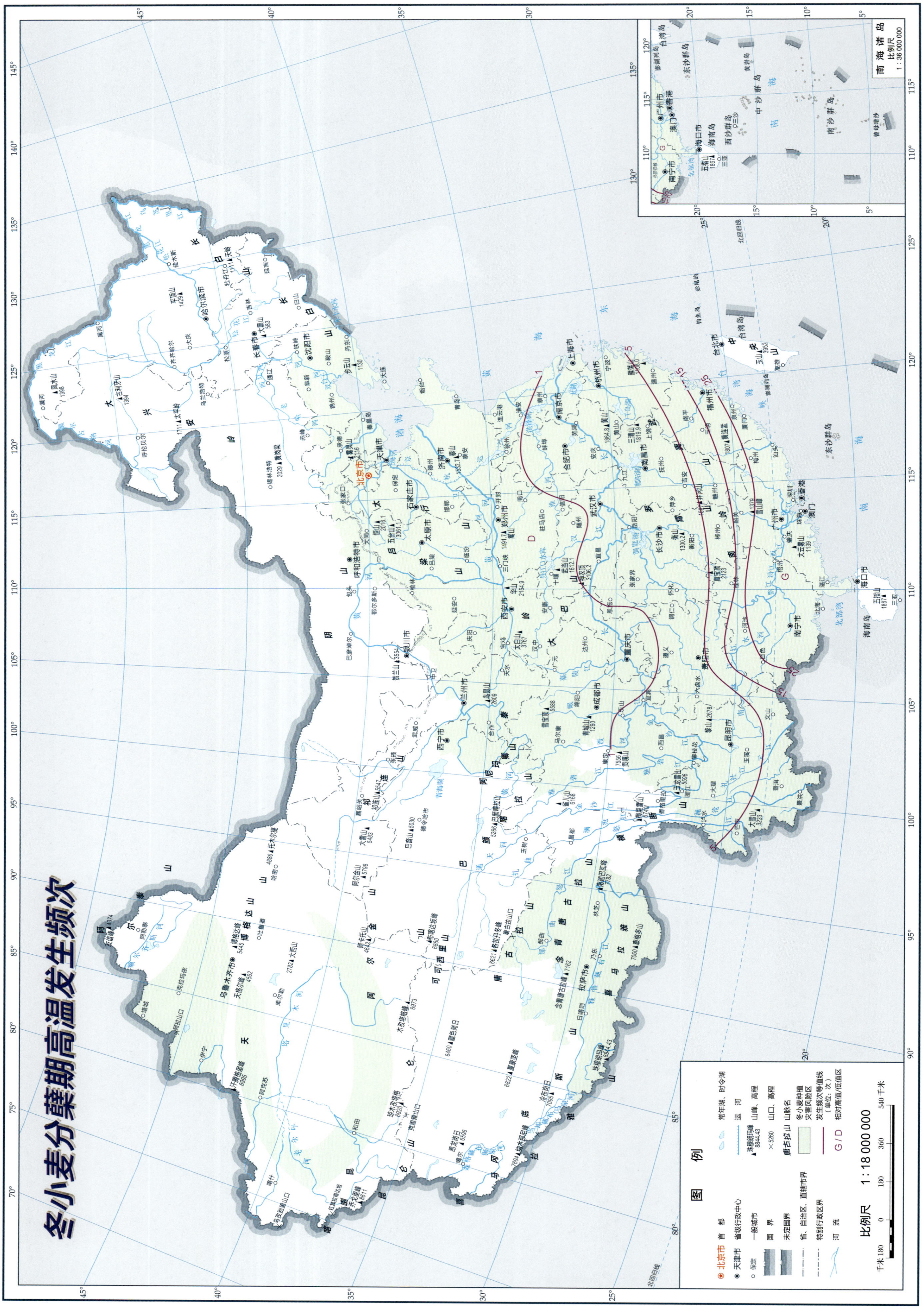

冬小麦越冬期冻害发生频率

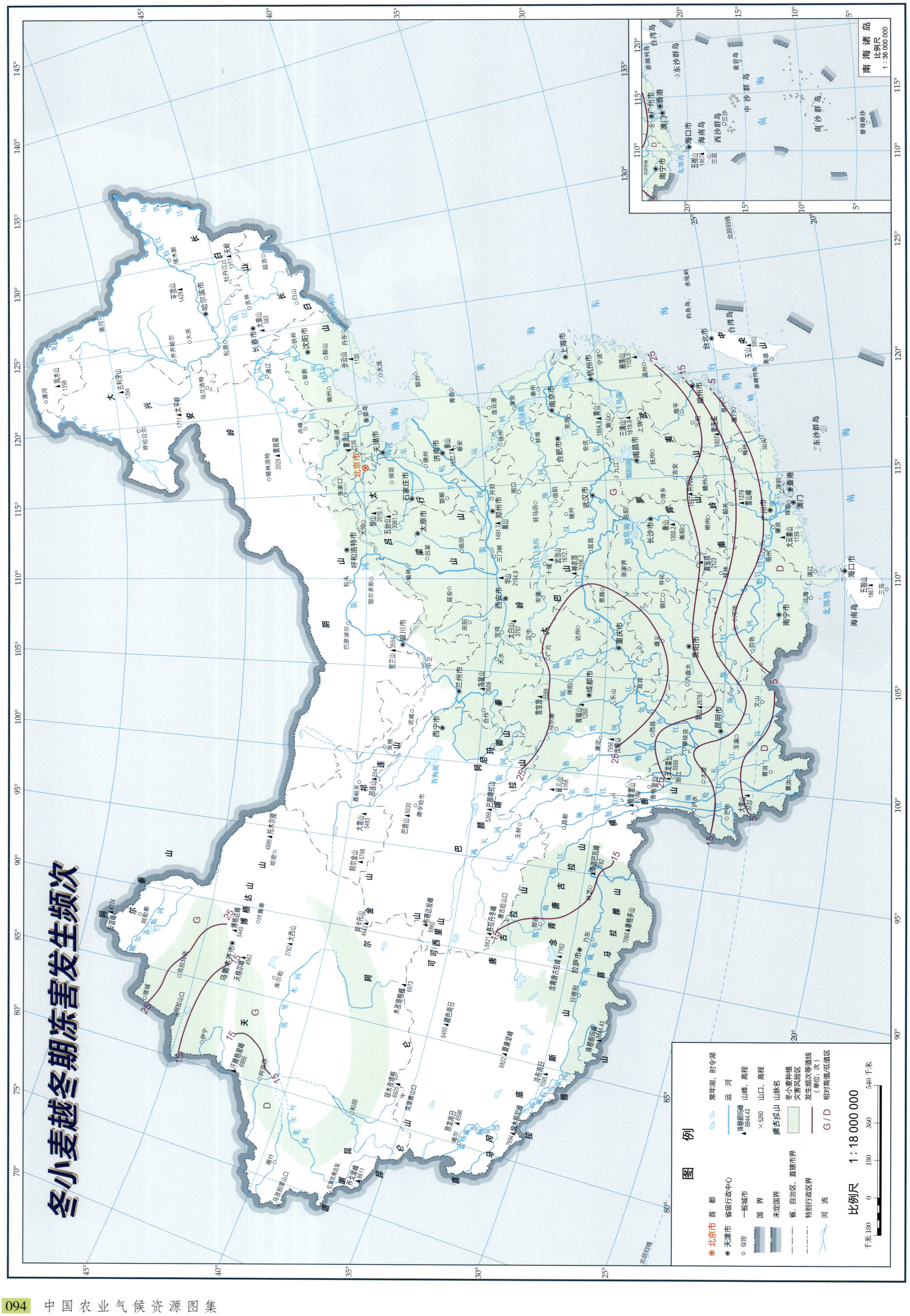
冬小麦越冬期冻害发生频次
图例
北京市 首 都
天津市 省级行政中心
保定 一般城市
国 界
未定国界
省、自治区、直辖市界
特别行政区界
河 流
常年湖、时令湖
运 河
珠穆朗玛峰 8844.43 山峰、高程
×5260 山口、高程
唐古拉山 山脉名
冬小麦种植灾害风险区
发生频次等值线（单位：次）
G/D 相对高值/低值区
比例尺 1：18 000 000
南海诸岛
比例尺 1：36 000 000

冬小麦越冬期高温发生频率

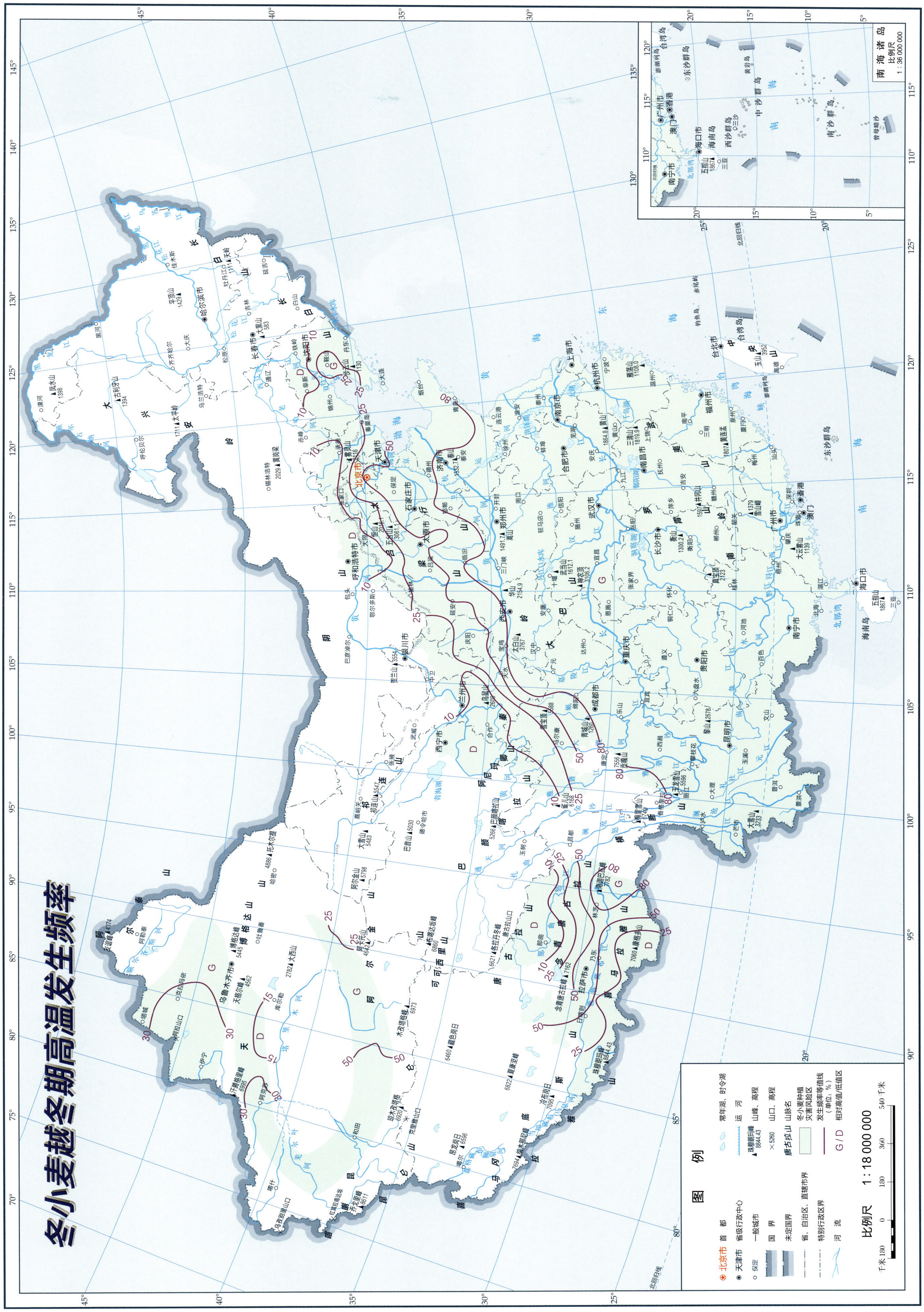

冬小麦越冬期高温发生频次
图例
北京市 首都
天津市 省级行政中心
保定 一般城市
国界
未定国界
省、自治区、直辖市界
特别行政区界
河流
常年湖、时令湖
运河
珠穆朗玛峰 8844.43 山峰、高程
×5260 山口、高程
唐古拉山 山脉名
冬小麦种植灾害风险区
发生频次等值线（单位：次）
G / D 相对高值/低值区
比例尺 1:18 000 000
南海诸岛
比例尺 1:36 000 000

冬小麦拔节期轻旱发生频率

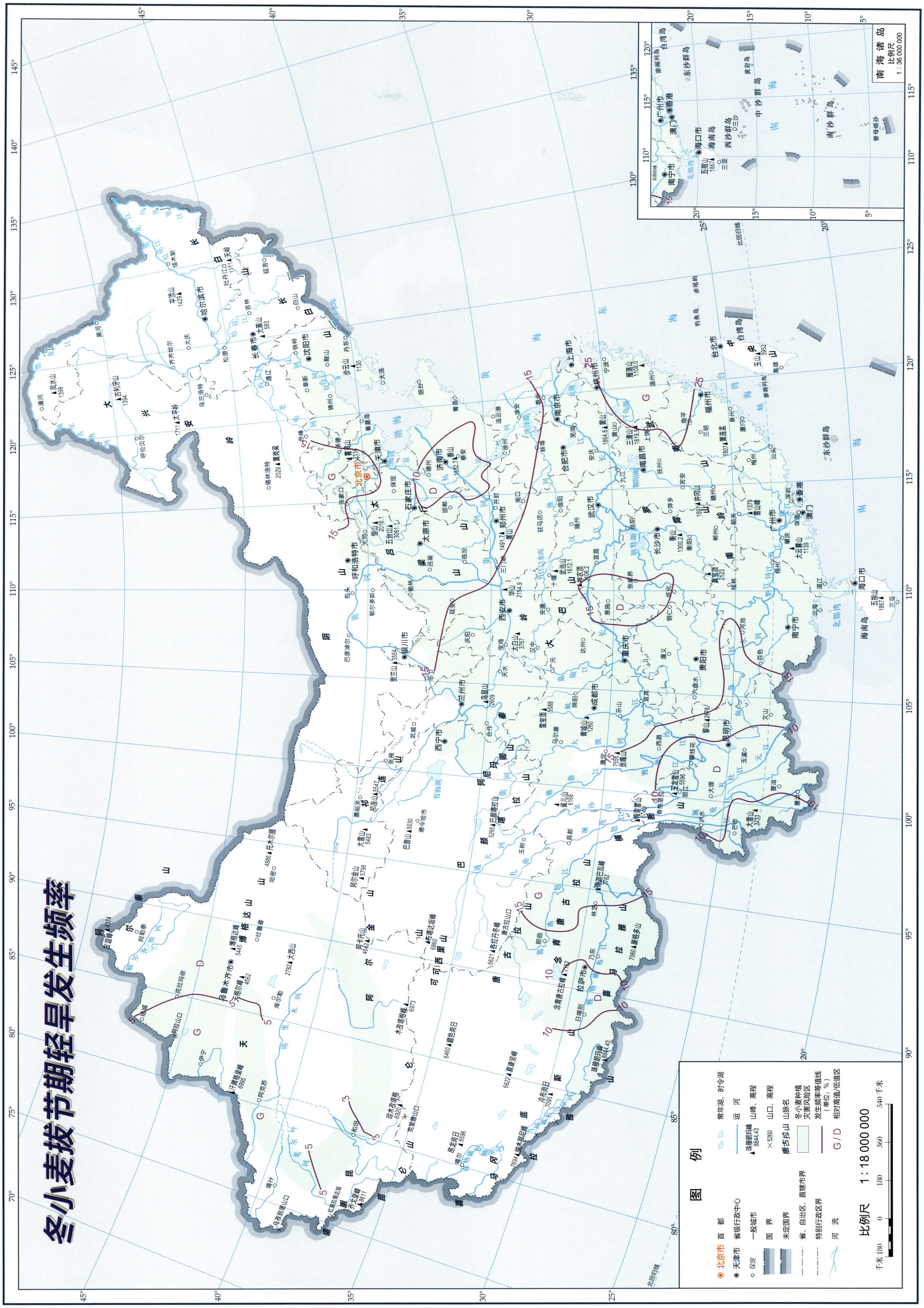

冬小麦拔节期轻旱发生频次

冬小麦拔节期中旱发生频率

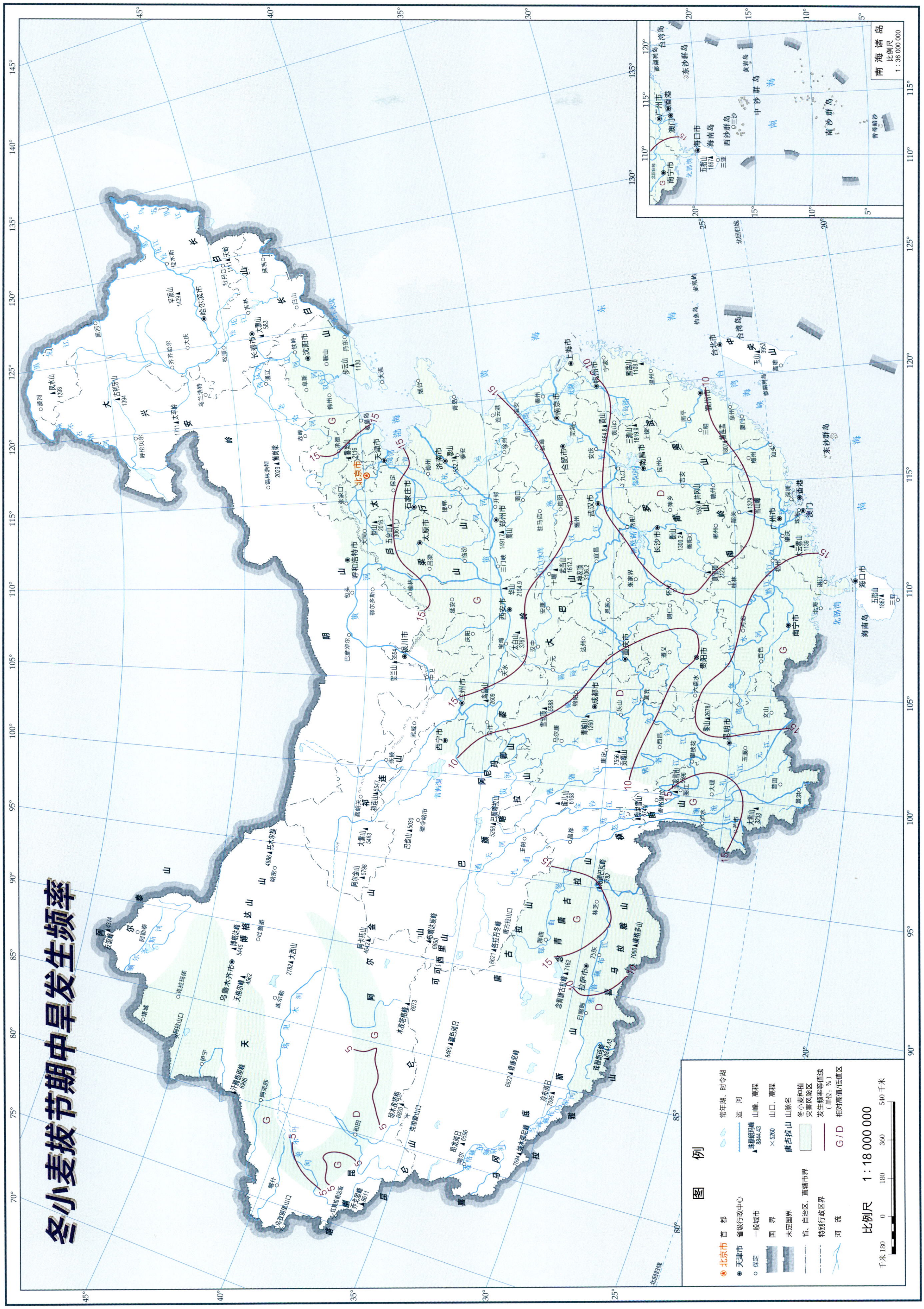

冬小麦拔节期中旱发生频次

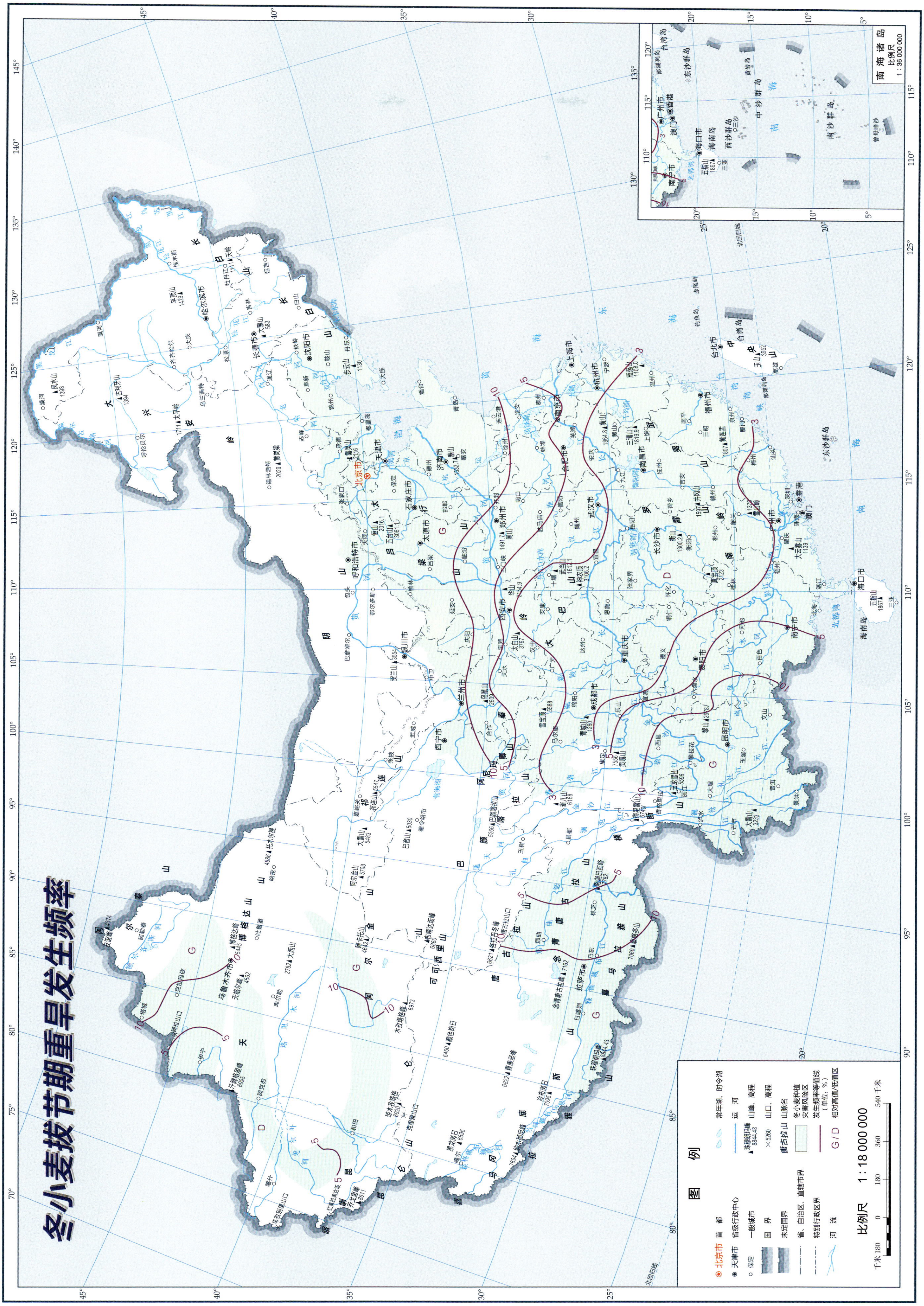
冬小麦拔节期重旱发生频率
南海诸岛
比例尺 1:36 000 000
图例
北京市 首都
天津市 省级行政中心
保定 一般城市
国界
未定国界
省、自治区、直辖市界
特别行政区界
河流
常年湖、时令湖
运河
珠穆朗玛峰 8844.43 山峰、高程
×5260 山口、高程
唐古拉山 山脉名
冬小麦种植灾害风险区
发生频率等值线（单位：%）
G / D 相对高值/低值区
比例尺 1：18 000 000
千米 180 0 180 360 540 千米

冬小麦拔节期重旱发生频次

冬小麦灌浆结实期高温发生频率

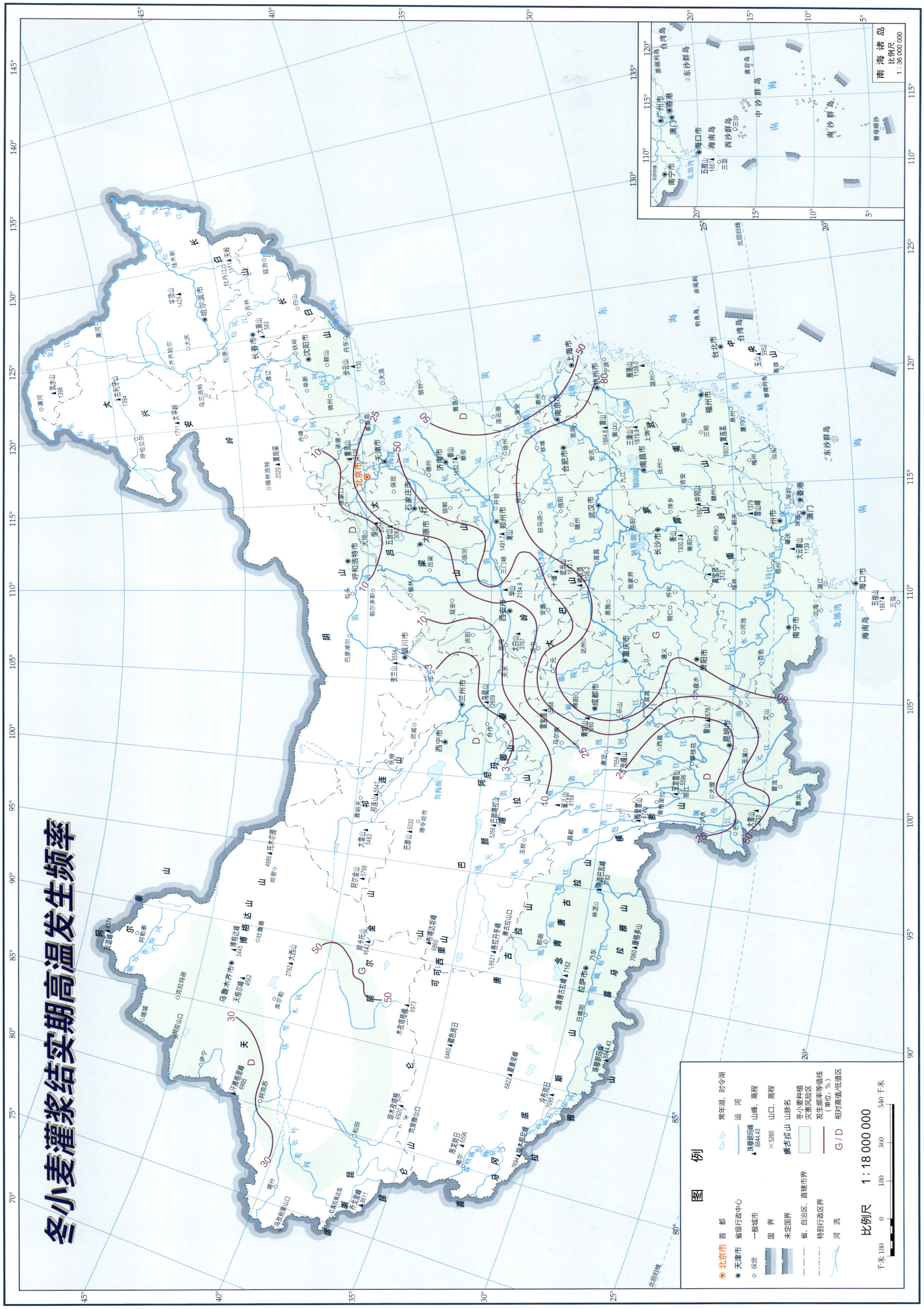

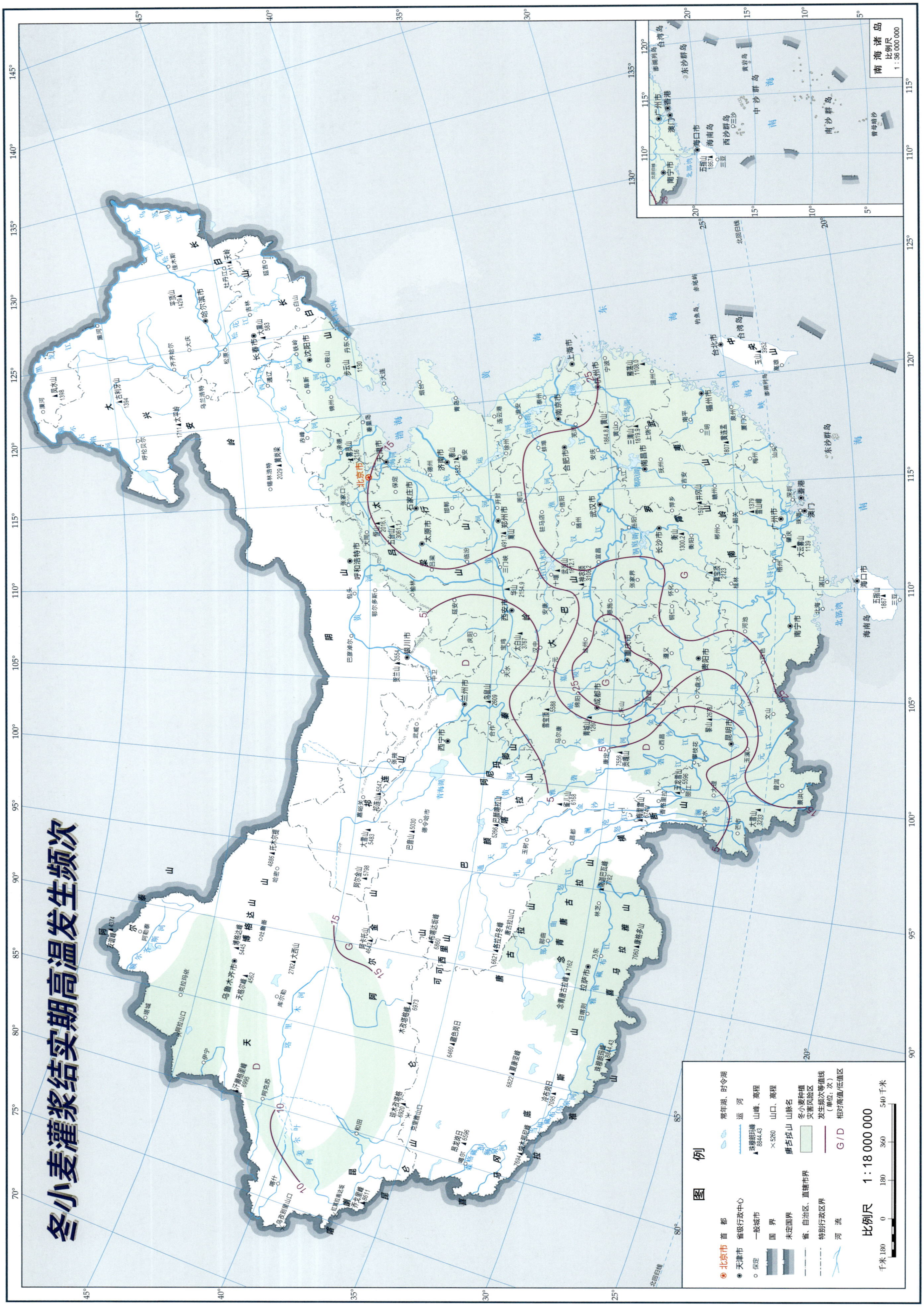
冬小麦灌浆结实期高温发生频次
南海诸岛
比例尺 1:36 000 000
图例
北京市 首都
天津市 省级行政中心
保定 一般城市
国界
未定国界
省、自治区、直辖市界
特别行政区界
河流
常年湖、时令湖
运河
珠穆朗玛峰 8844.43 山峰、高程
×5260 山口、高程
唐古拉山 山脉名
冬小麦种植灾害风险区
发生频次等值线（单位：次）
G/D 相对高值/低值区
比例尺 1：18 000 000
千米 180 0 180 360 540 千米

冬麦区轻度干热风发生频率

冬麦区轻度干热风发生频次

冬麦区重度干热风发生频率
图例
北京市 首都
天津市 省级行政中心
保定 一般城市
国界
未定国界
省、自治区、直辖市界
特别行政区界
河流
常年湖、时令湖
运河
珠穆朗玛峰 8844.43 山峰、高程
×5260 山口、高程
唐古拉山 山脉名
冬小麦种植灾害风险区
发生频率等值线（单位：%）
G/D 相对高值/低值区
比例尺 1:18 000 000
千米 180 0 180 360 540 千米
南海诸岛
比例尺 1:36 000 000

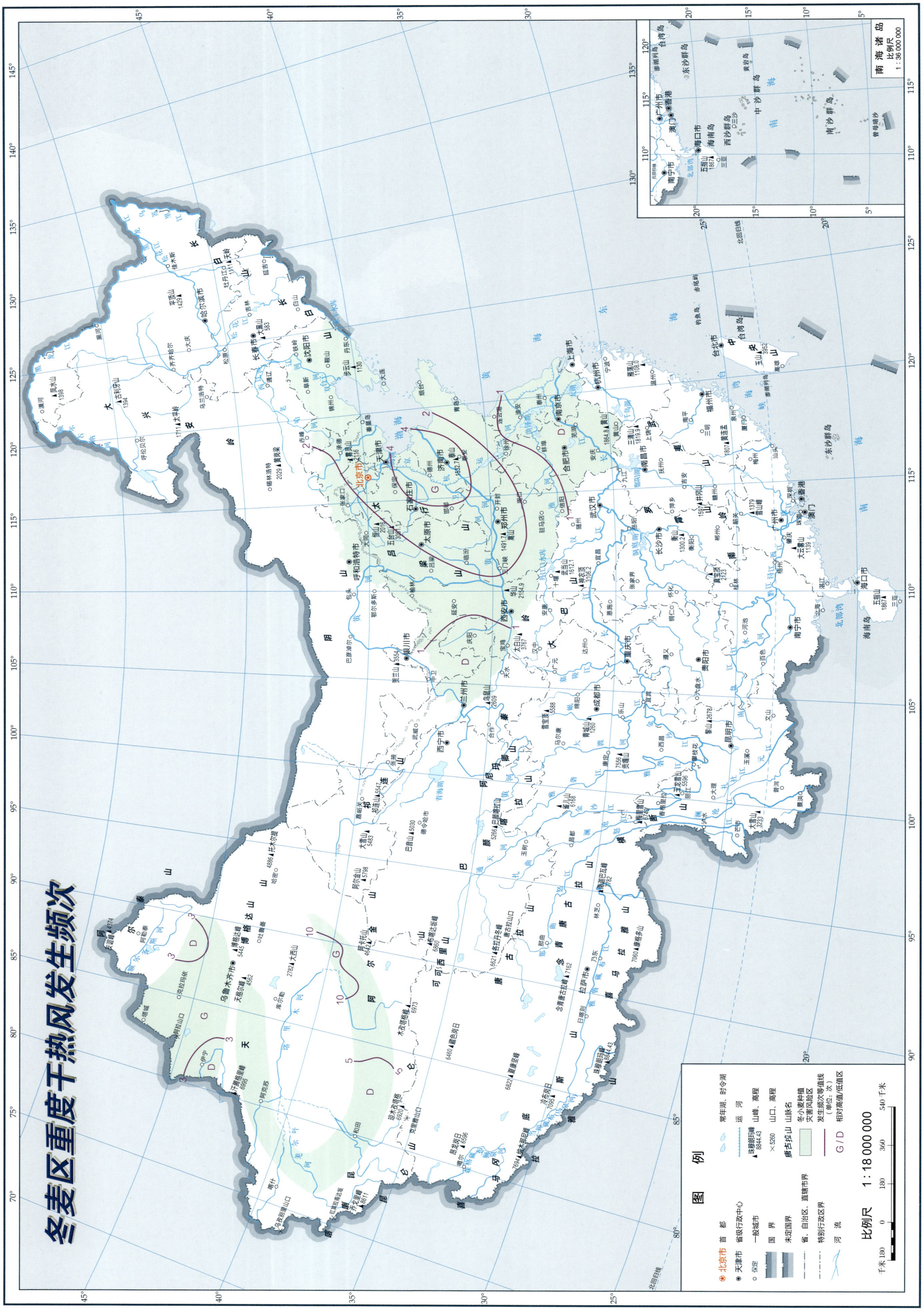
冬麦区重度干热风发生频次
图例
北京市 首都
天津市 省级行政中心
保定 一般城市
国界
未定国界
省、自治区、直辖市界
特别行政区界
河流
常年湖、时令湖
运河
珠穆朗玛峰 8844.43 山峰、高程
×5260 山口、高程
唐古拉山 山脉名
冬小麦种植干热风区
发生频次等值线（单位：次）
G/D 相对高值/低值区
比例尺 1:18 000 000
南海诸岛
比例尺 1:36 000 000

东北地区春玉米一般延迟型冷害发生频率

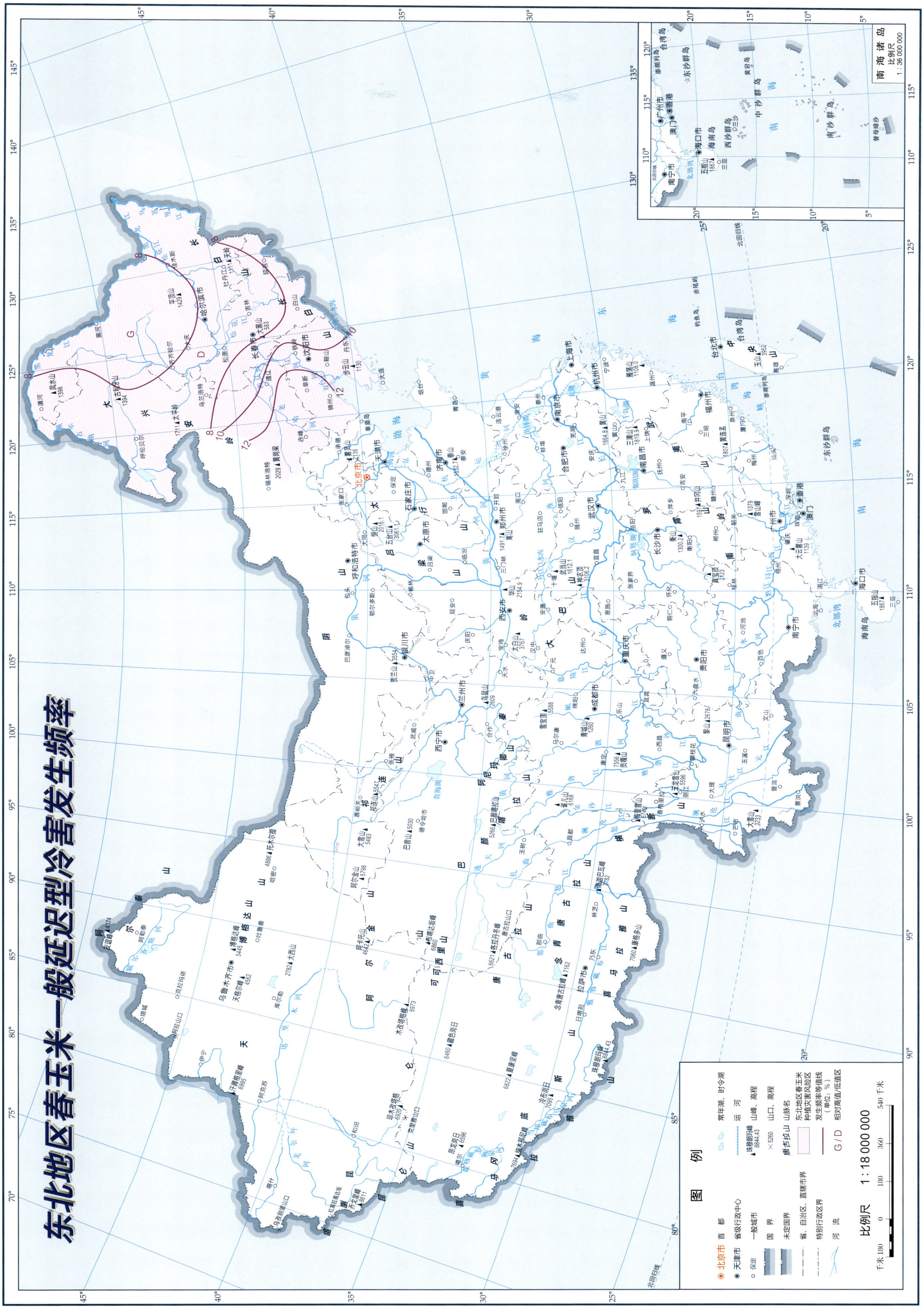

东北地区春玉米一般延迟型冷害发生频次

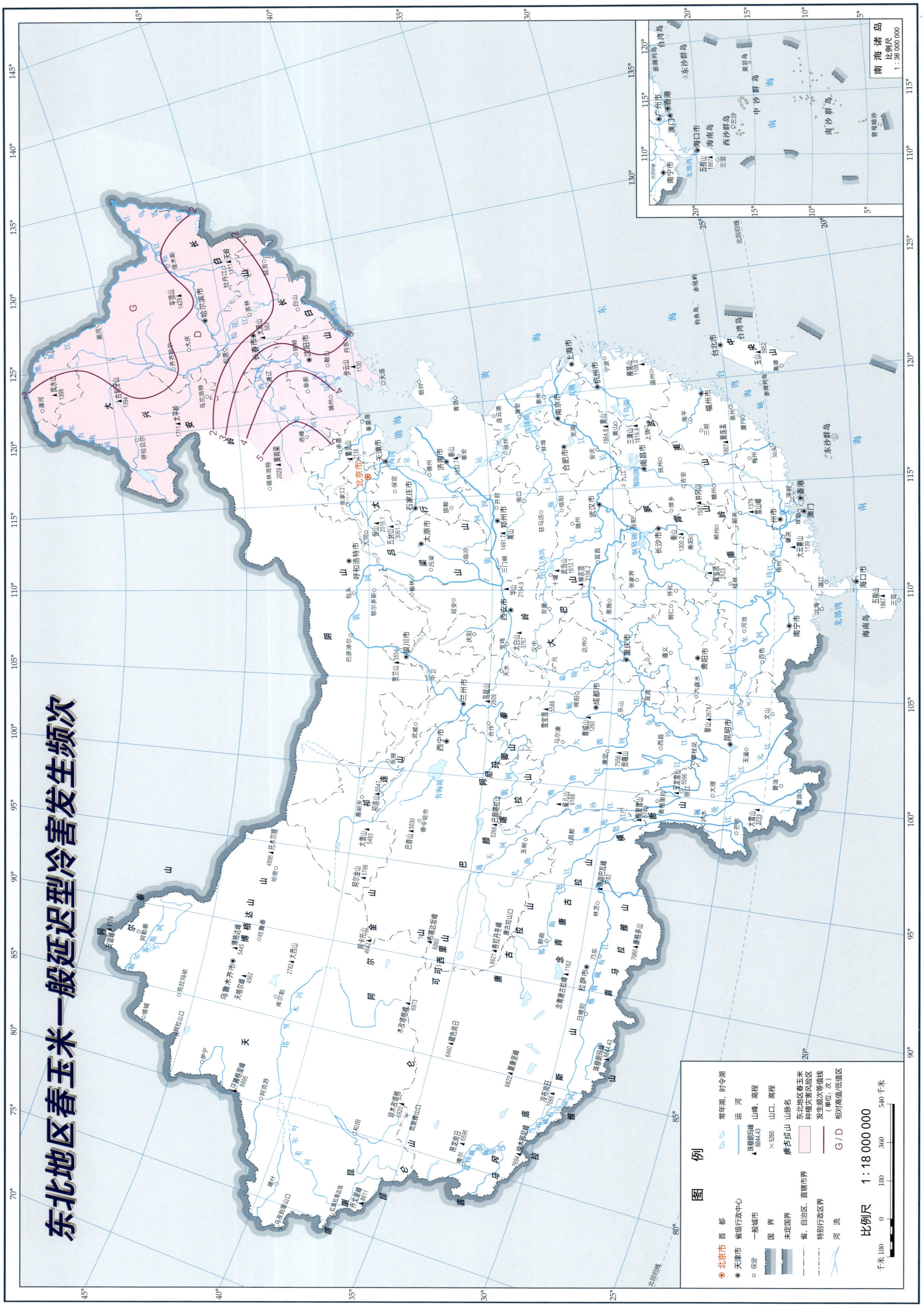

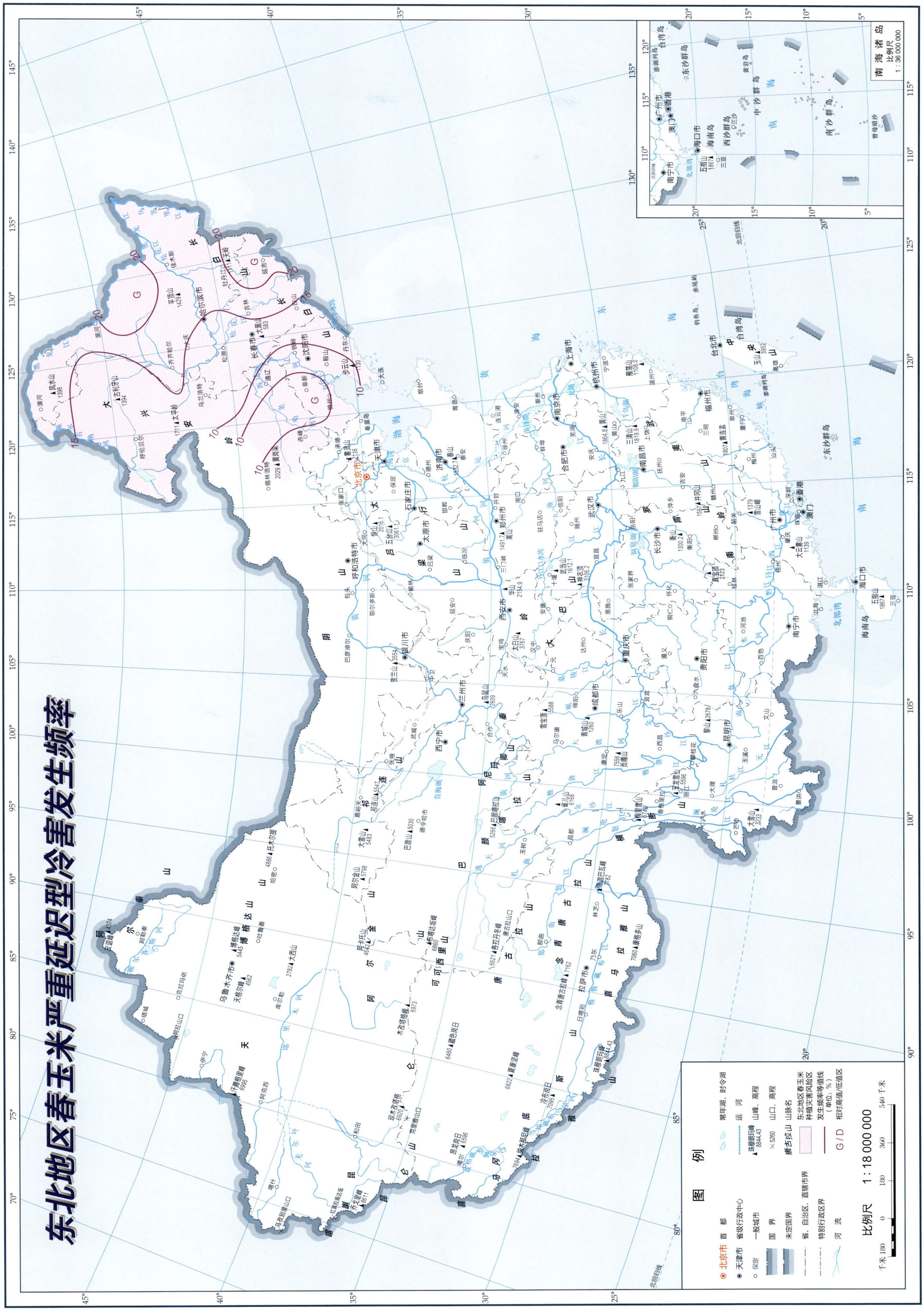
东北地区春玉米严重延迟型冷害发生频率
图例
北京市 首都
天津市 省级行政中心
保定 一般城市
国界
未定国界
省、自治区、直辖市界
特别行政区界
河流
常年湖、时令湖
运河
珠穆朗玛峰 8844.43 山峰、高程
×5260 山口、高程
唐古拉山 山脉名
东北地区春玉米种植灾害风险区
发生频率等值线（单位：%）
G/D 相对高值/低值区
比例尺 1:18 000 000
南海诸岛
比例尺 1:36 000 000

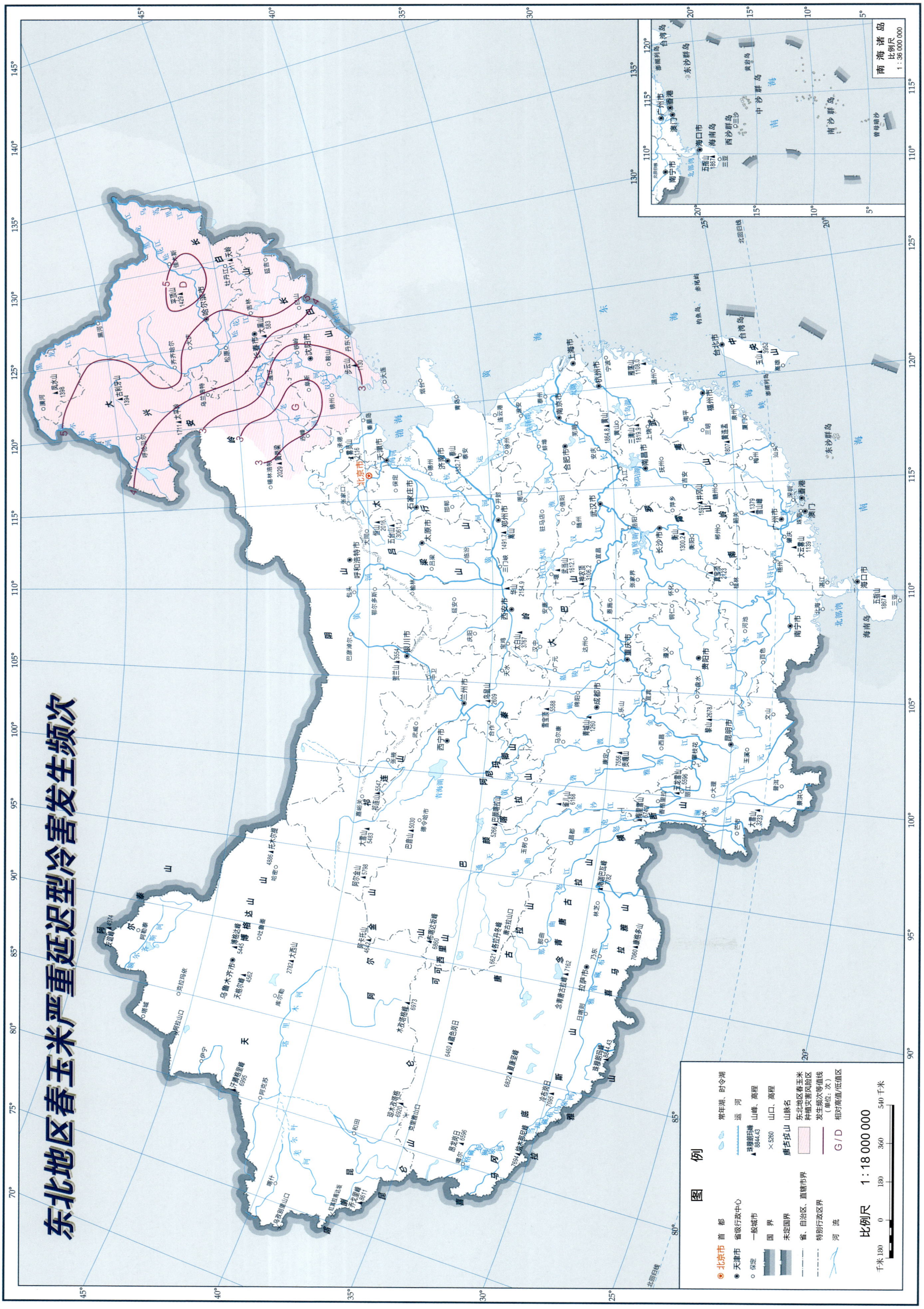
东北地区春玉米严重延迟型冷害发生频次
图例
北京市 首都
天津市 省级行政中心
保定 一般城市
国界
未定国界
省、自治区、直辖市界
特别行政区界
河流
常年湖、时令湖
运河
珠穆朗玛峰 8844.43 山峰、高程
×5260 山口、高程
唐古拉山 山脉名
东北地区春玉米种植灾害风险区
发生频次等值线（单位：次）
G/D 相对高值/低值区
比例尺 1:18 000 000
南海诸岛
比例尺 1:36 000 000

春玉米高温烧苗发生频率

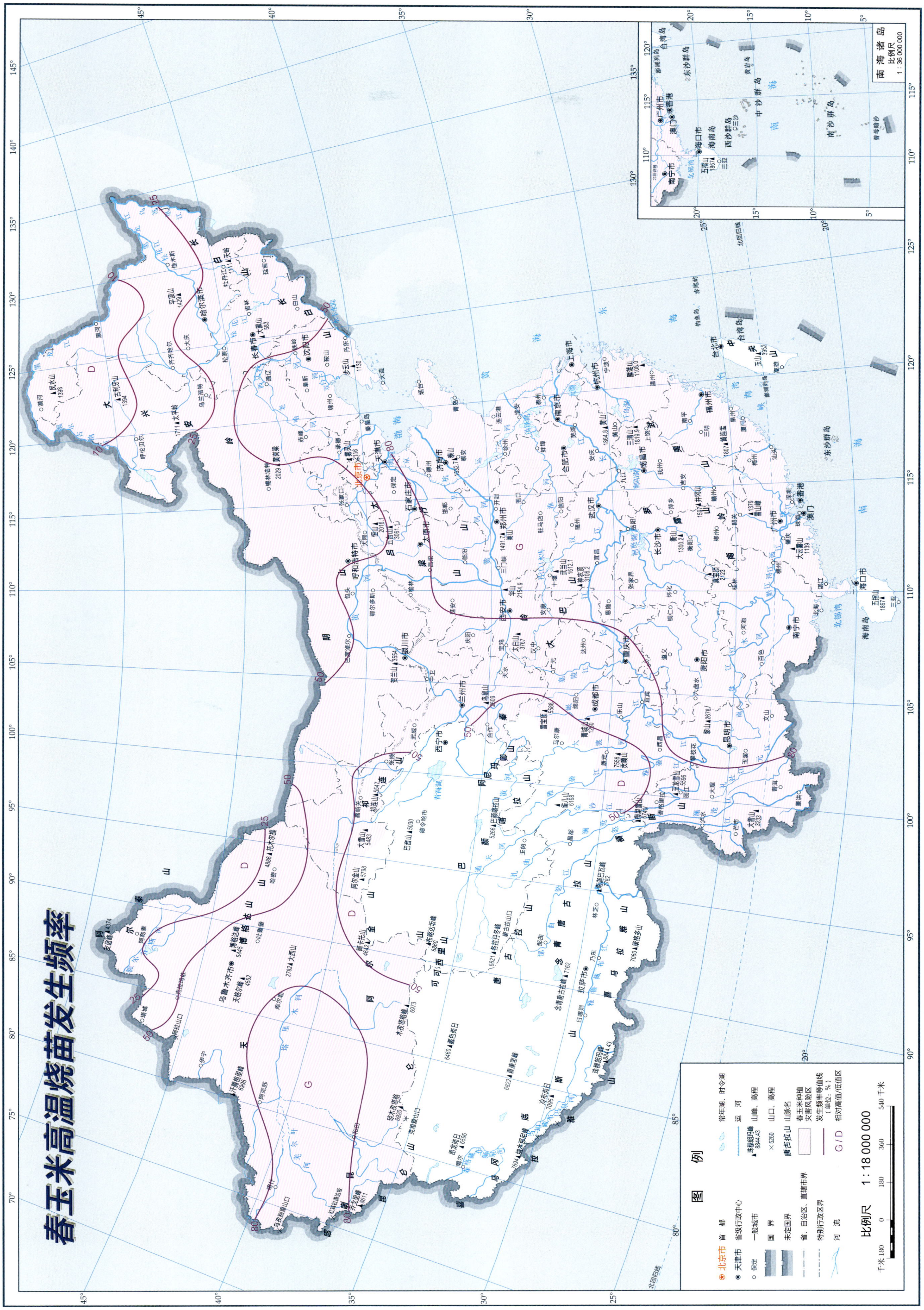

春玉米高温烧苗发生频次

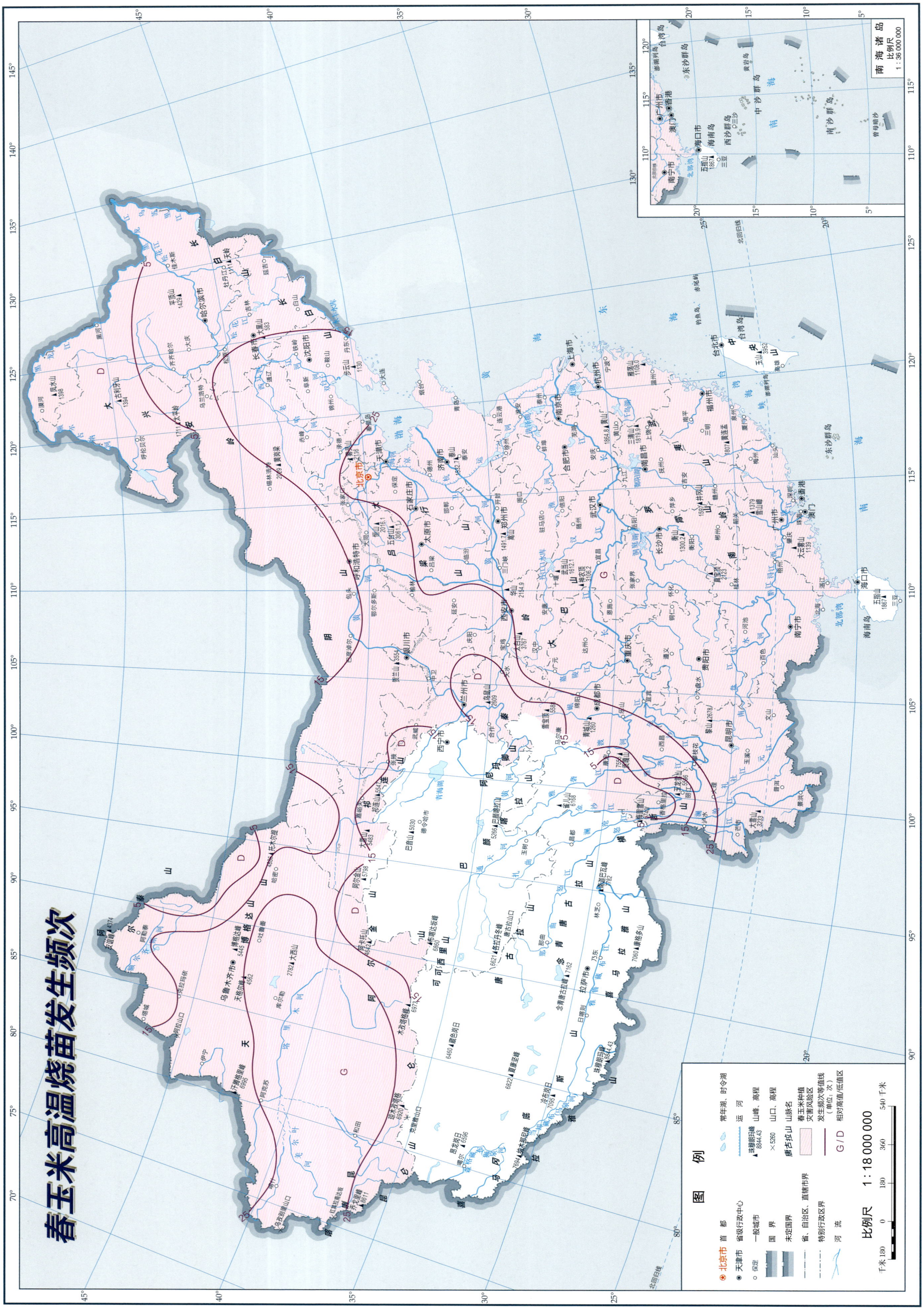

春玉米开花期高温（指标1）发生频率

春玉米开花期高温（指标1）发生频次

春玉米开花期高温（指标2）发生频率

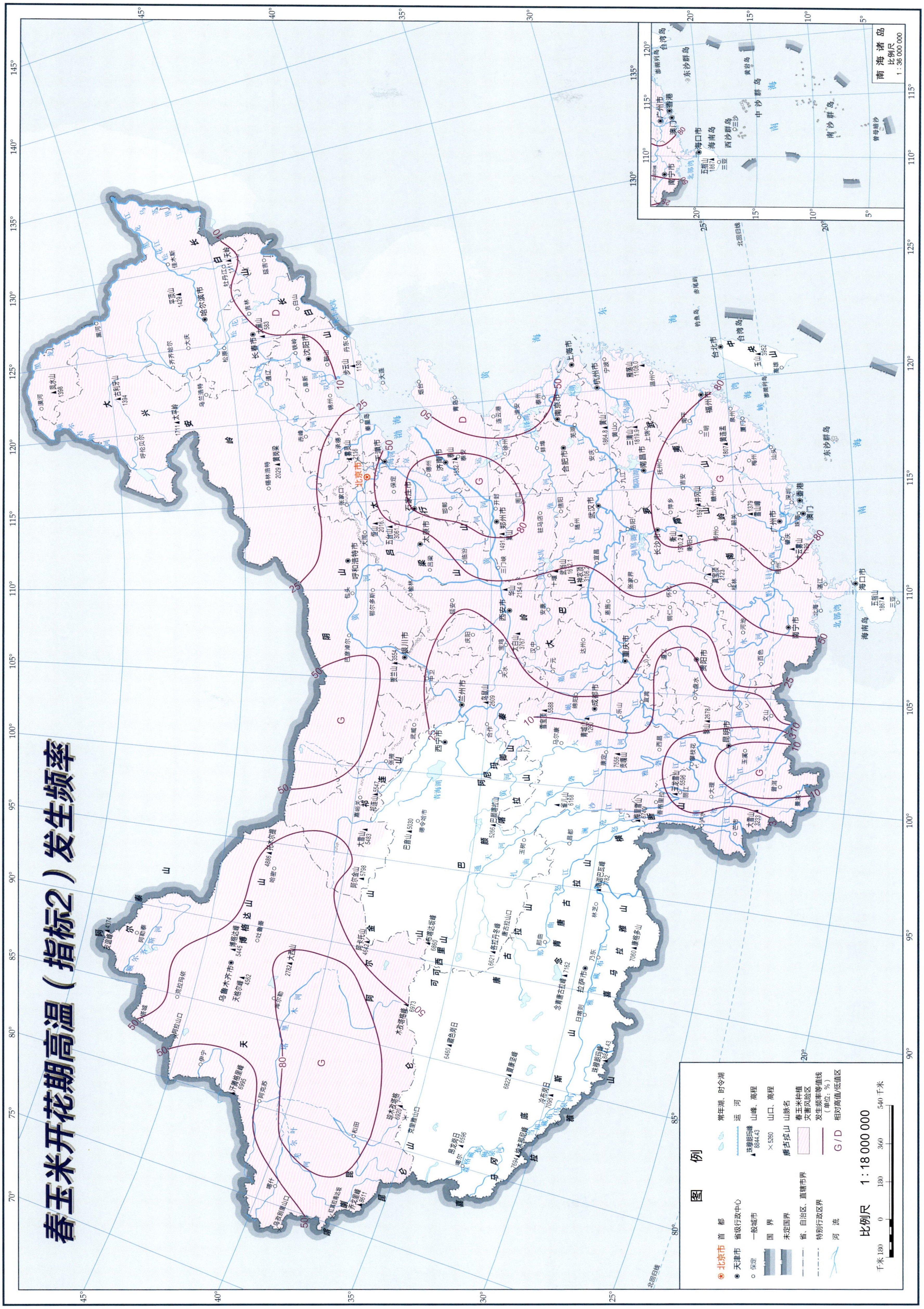

春玉米开花期高温（指标2）发生频次

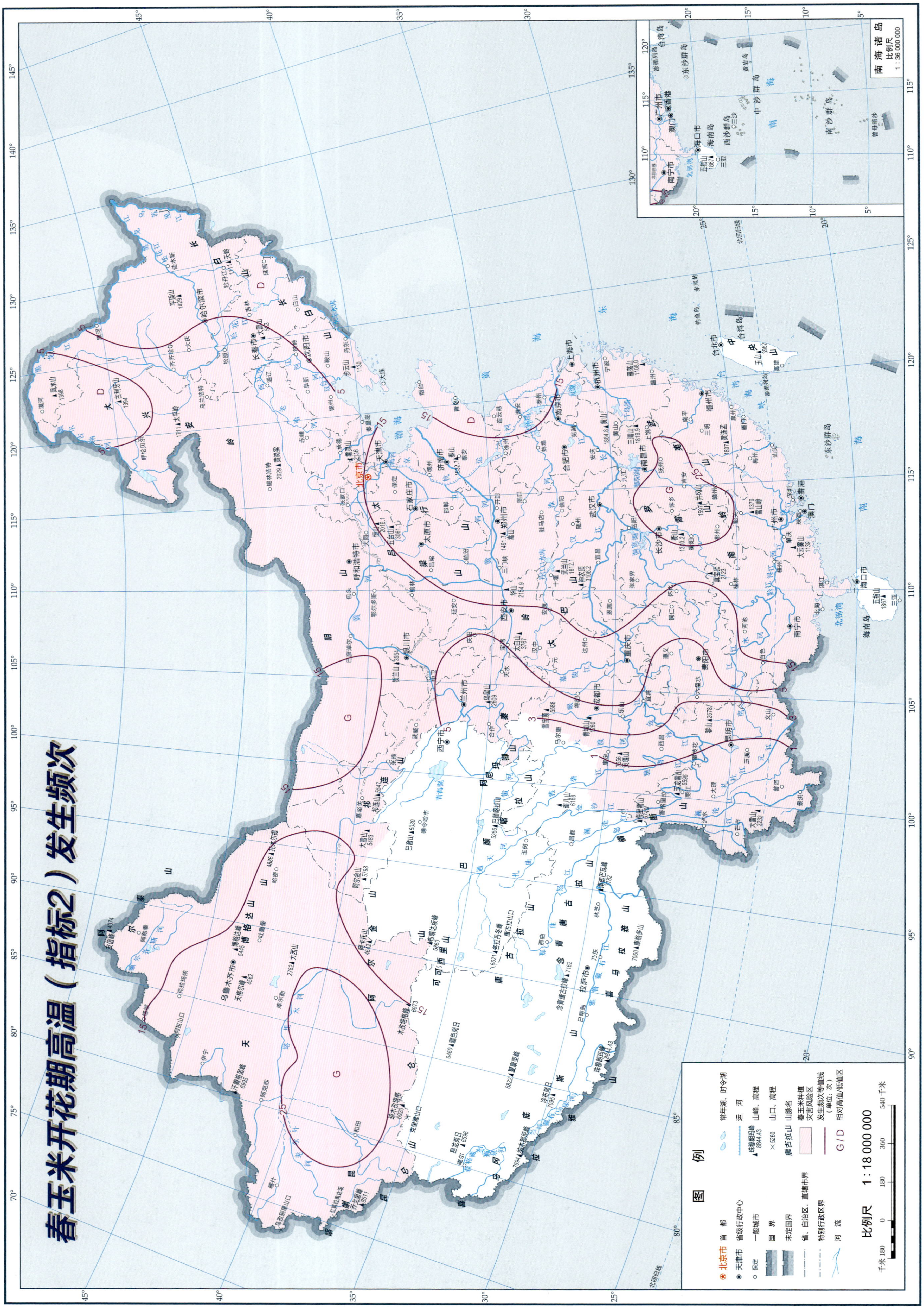

春玉米灌浆结实期高温发生频率

春玉米灌浆结实期高温发生频次

春玉米霜冻发生频率

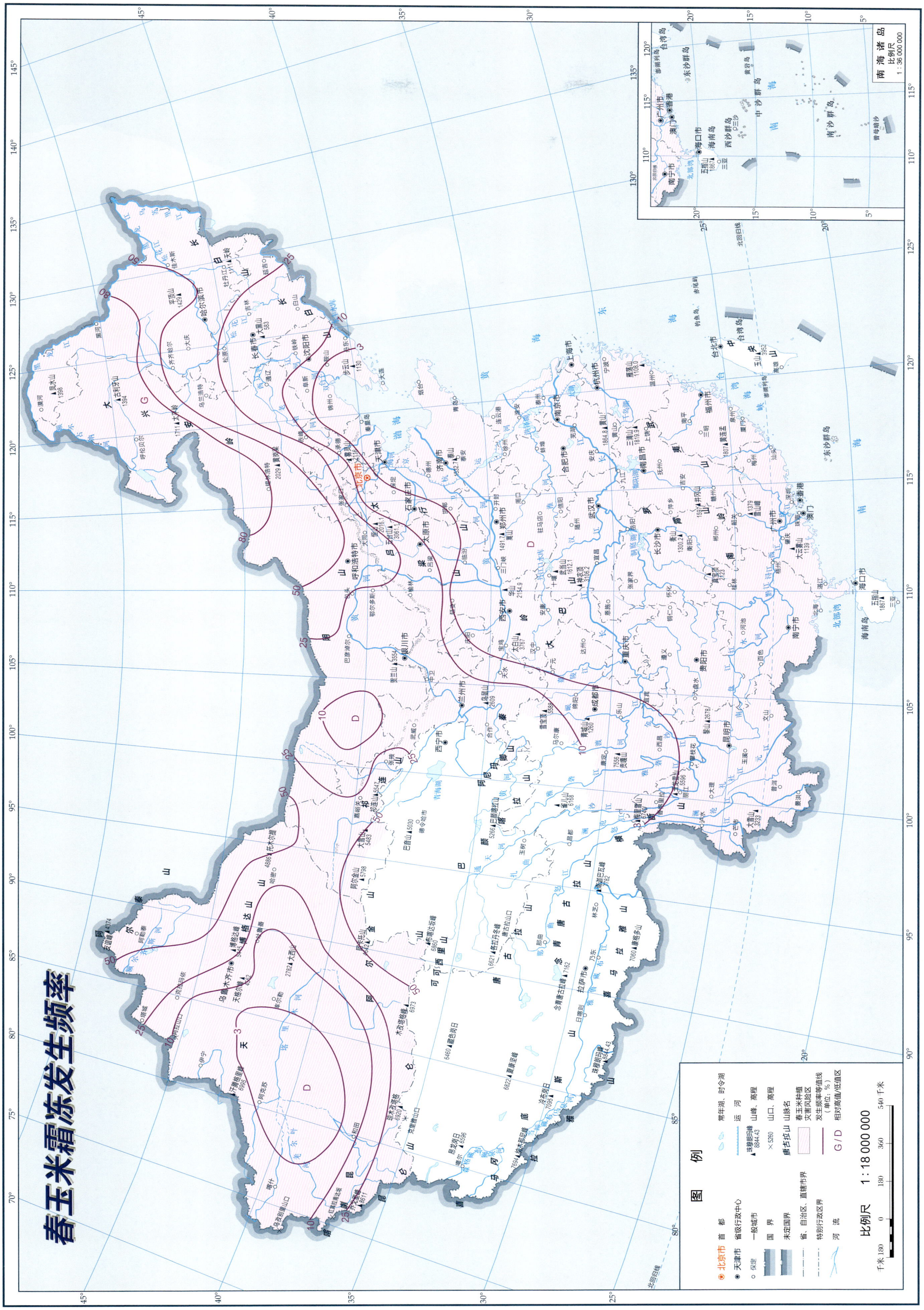

图例
北京市 首都
天津市 省级行政中心
保定 一般城市
国界
未定国界
省、自治区、直辖市界
特别行政区界
河流
常年湖、时令湖
运河
珠穆朗玛峰 8844.43 山峰、高程
×5260 山口、高程
唐古拉山 山脉名
春玉米种植灾害风险区
发生频率等值线（单位：%）
G/D 相对高值/低值区
比例尺 1:18 000 000
南海诸岛
比例尺 1:36 000 000

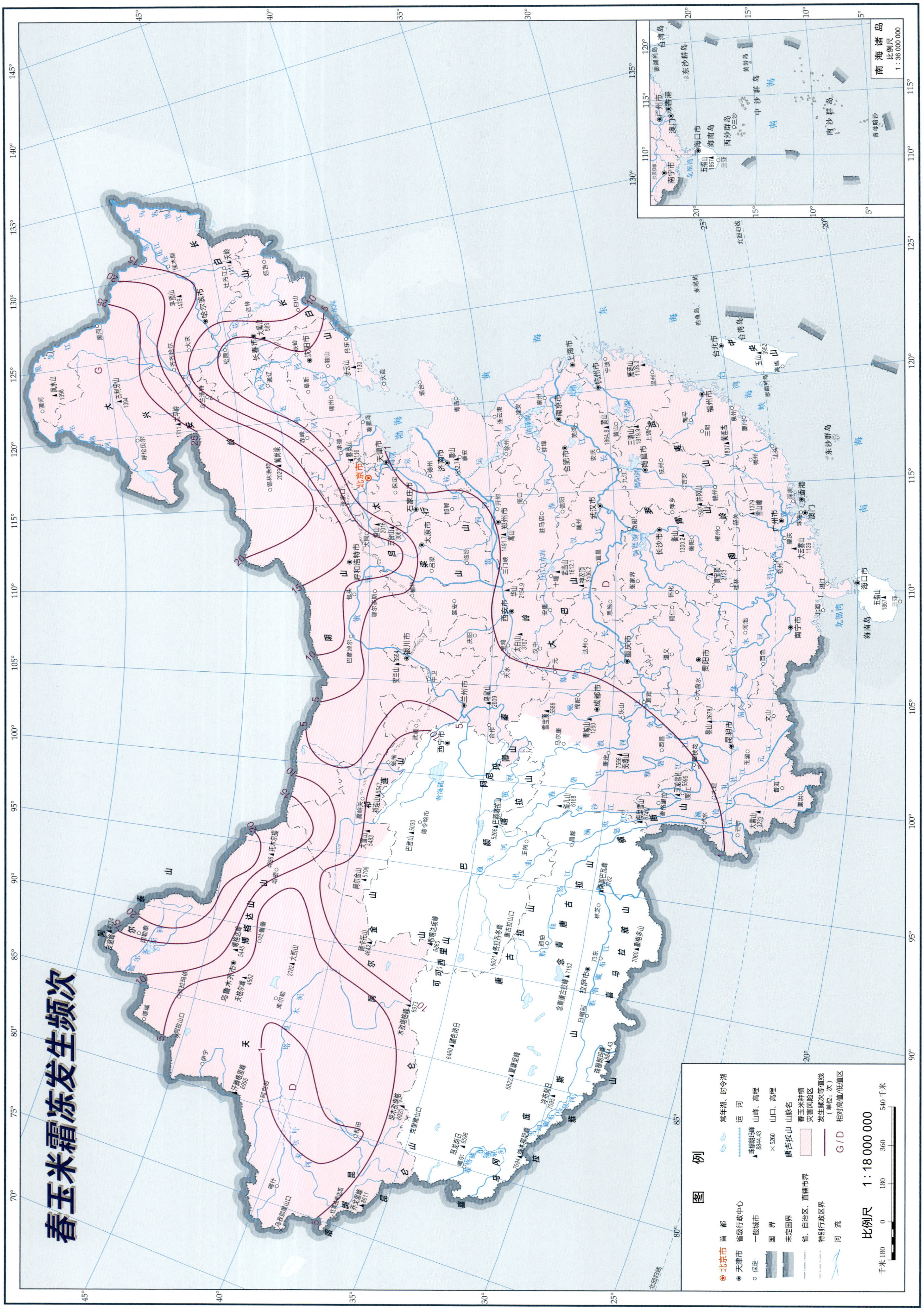
春玉米霜冻发生频次
图 例
北京市 首 都
天津市 省级行政中心
保定 一般城市
国 界
未定国界
省、自治区、直辖市界
特别行政区界
河 流
常年湖、时令湖
运 河
珠穆朗玛峰 8844.43 山峰、高程
×5260 山口、高程
唐古拉山 山脉名
春玉米种植灾害风险区
发生频次等值线（单位：次）
G/D 相对高值/低值区
比例尺 1:18 000 000
南海诸岛
比例尺 1:36 000 000

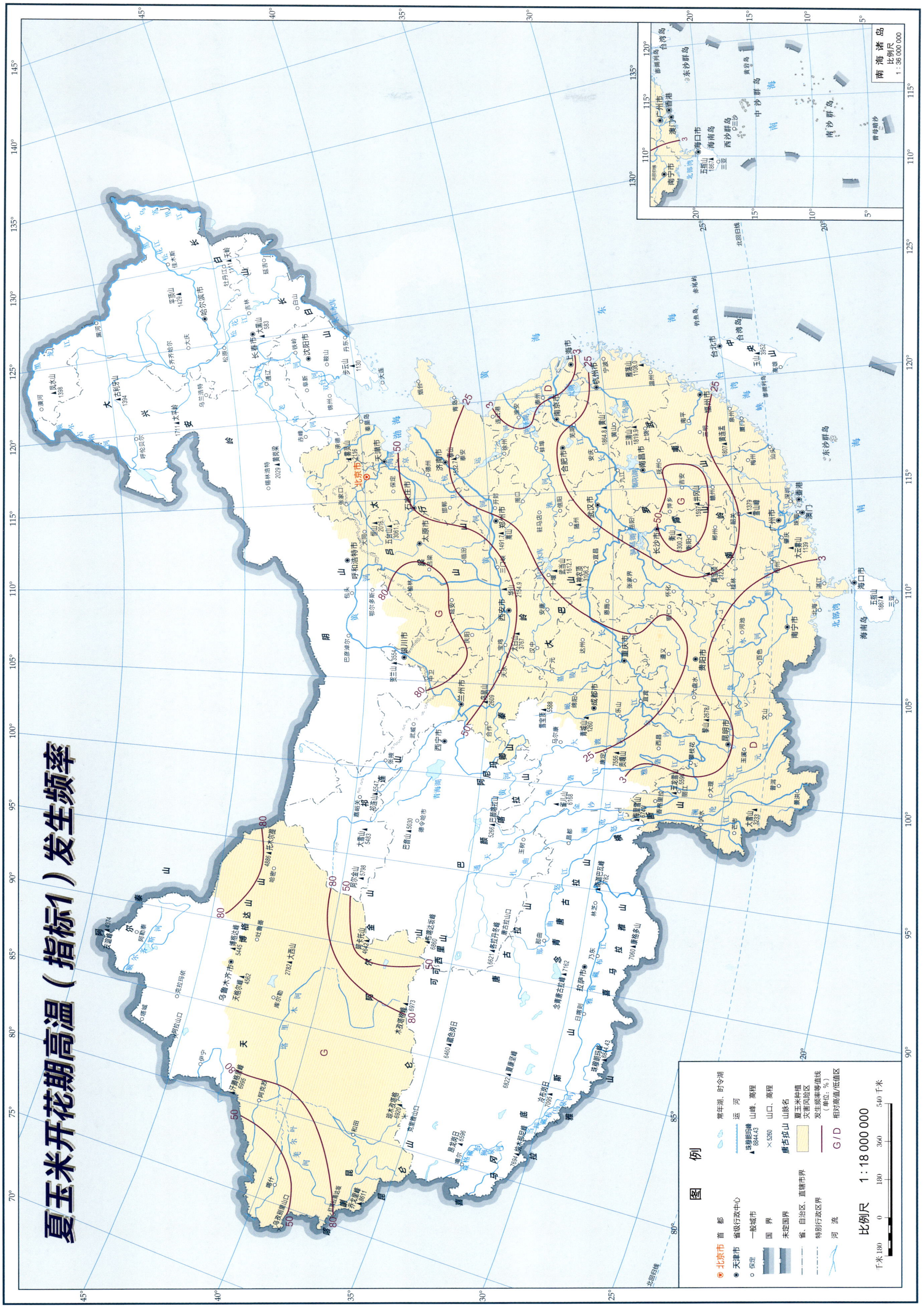

夏玉米开花期高温（指标1）发生频率

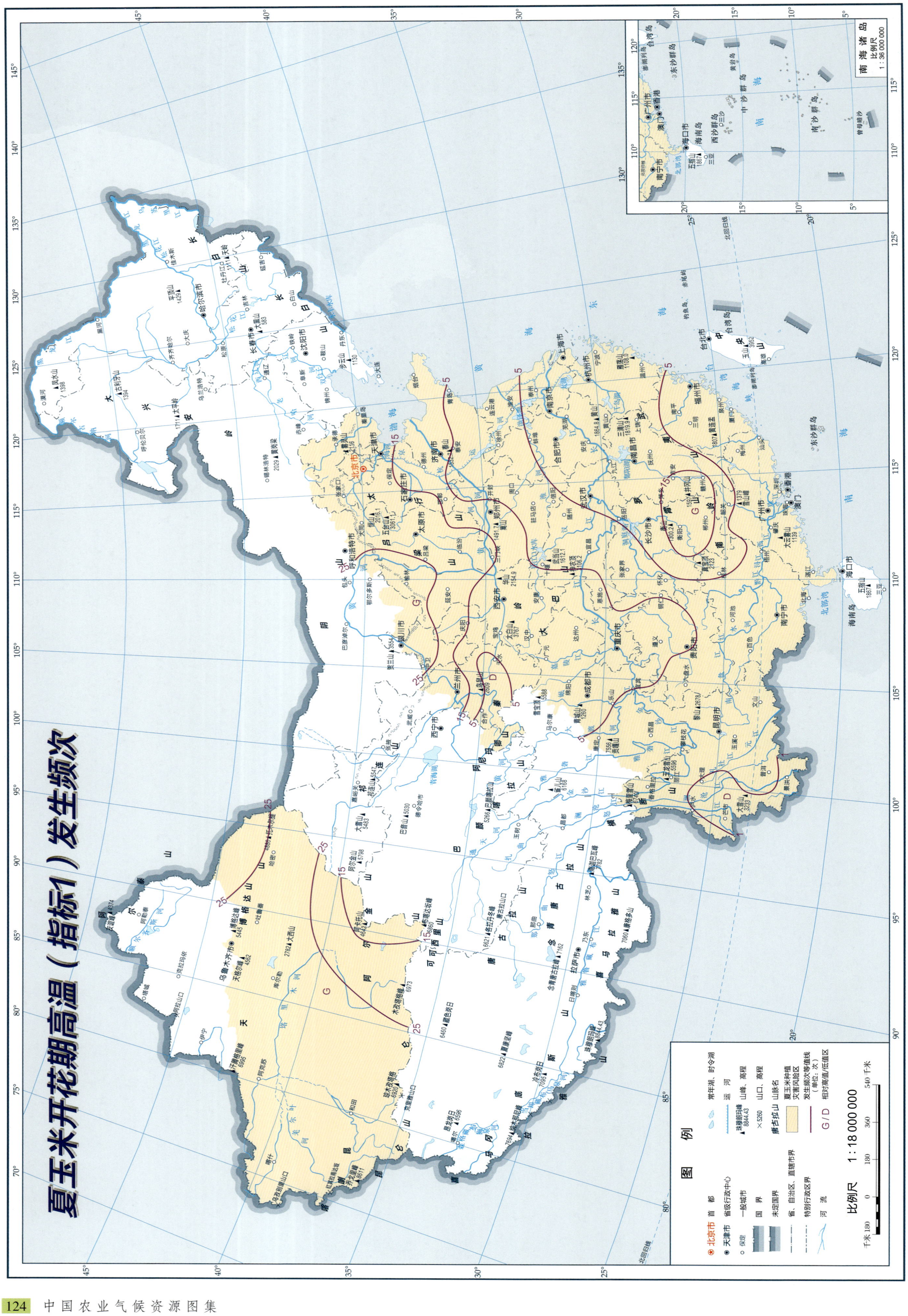
夏玉米开花期高温（指标1）发生频次
图例
北京市 首都
天津市 省级行政中心
保定 一般城市
国界
未定国界
省、自治区、直辖市界
特别行政区界
河流
常年湖、时令湖
运河
珠穆朗玛峰 8844.43 山峰、高程
×5260 山口、高程
唐古拉山 山脉名
夏玉米种植灾害风险区
发生频次等值线（单位：次）
G/D 相对高值/低值区
比例尺 1：18 000 000
南海诸岛
比例尺 1：36 000 000

夏玉米开花期高温（指标2）发生频率
图例
北京市 首都
天津市 省级行政中心
保定 一般城市
国界
未定国界
省、自治区、直辖市界
特别行政区界
河流
常年湖、时令湖
运河
珠穆朗玛峰 8844.43 山峰、高程
×5260 山口、高程
唐古拉山 山脉名
夏玉米种植灾害风险区
发生频率等值线（单位：%）
G/D 相对高值/低值区
比例尺 1:18 000 000
南海诸岛
比例尺 1:36 000 000

夏玉米开花期高温（指标2）发生频次

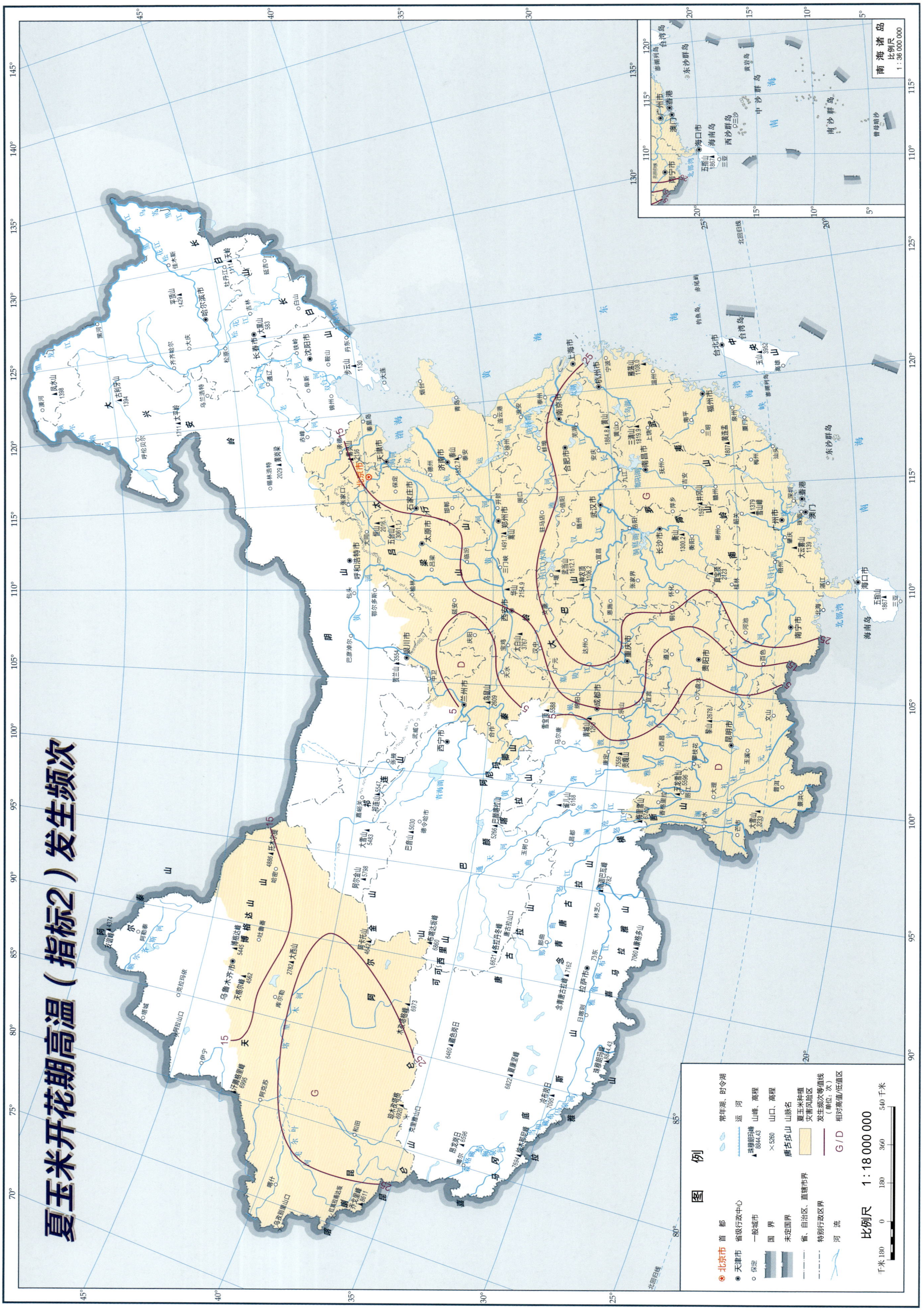

春大豆灌浆结实期干旱发生频率

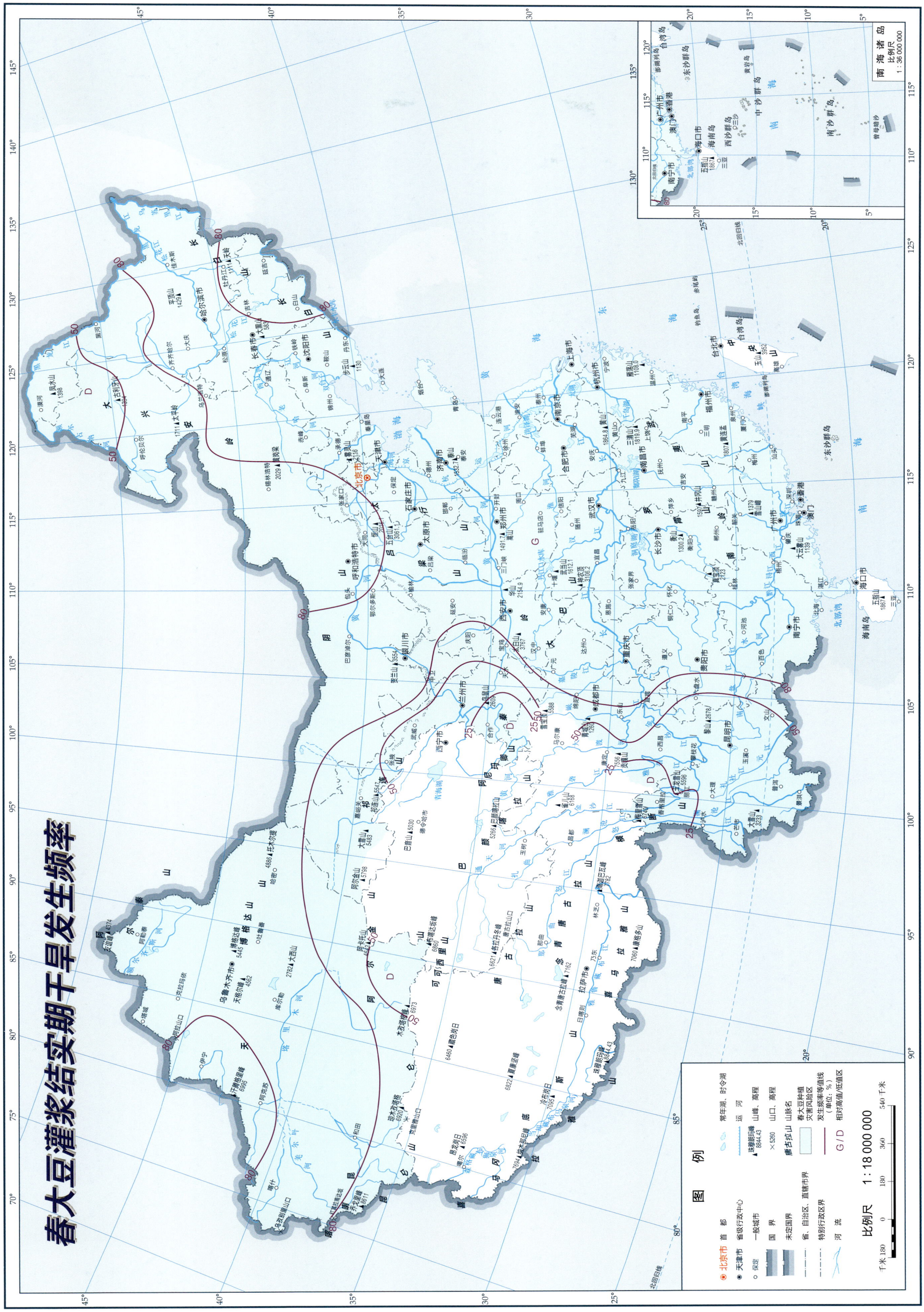

春大豆灌浆结实期干旱发生频次

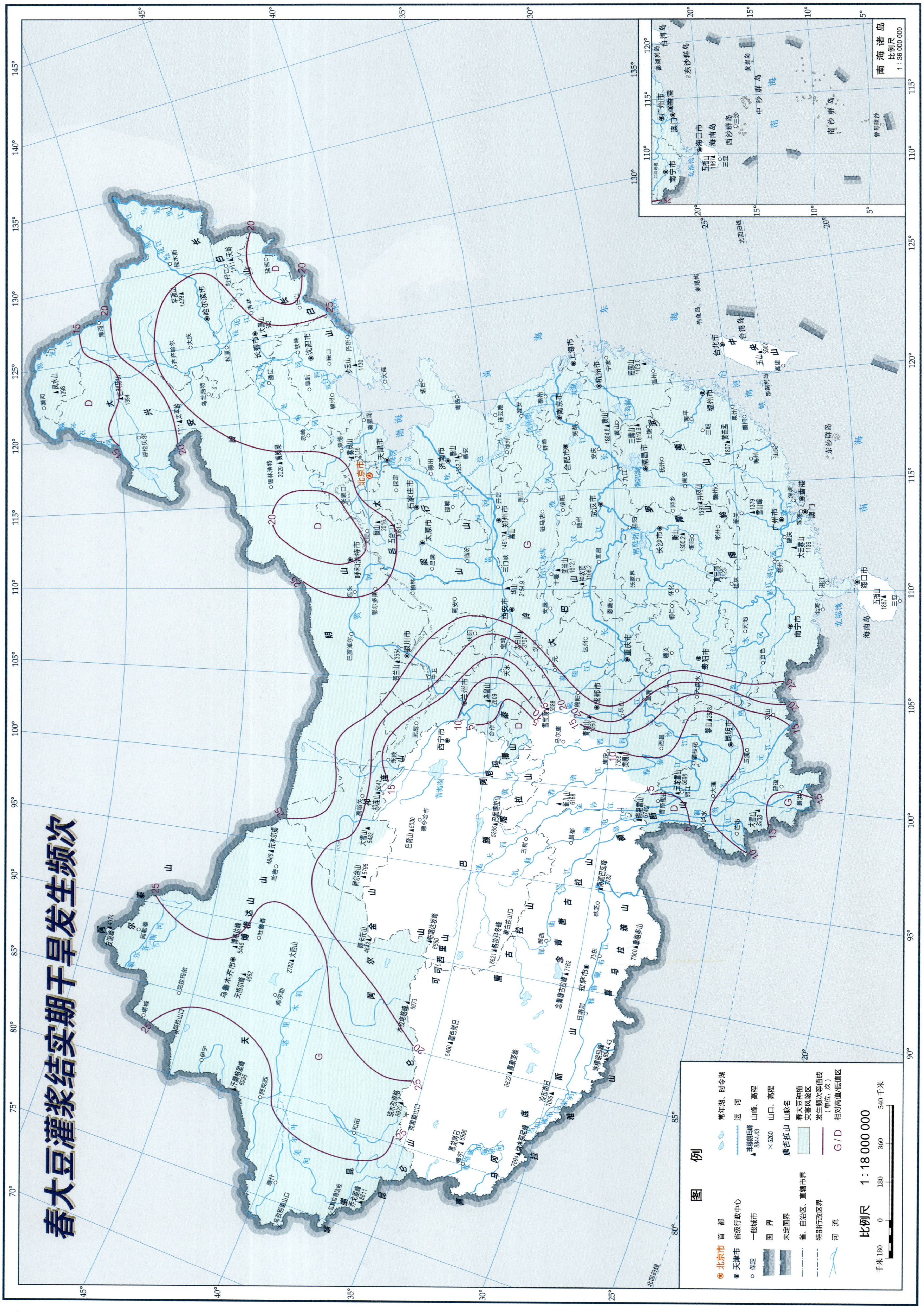

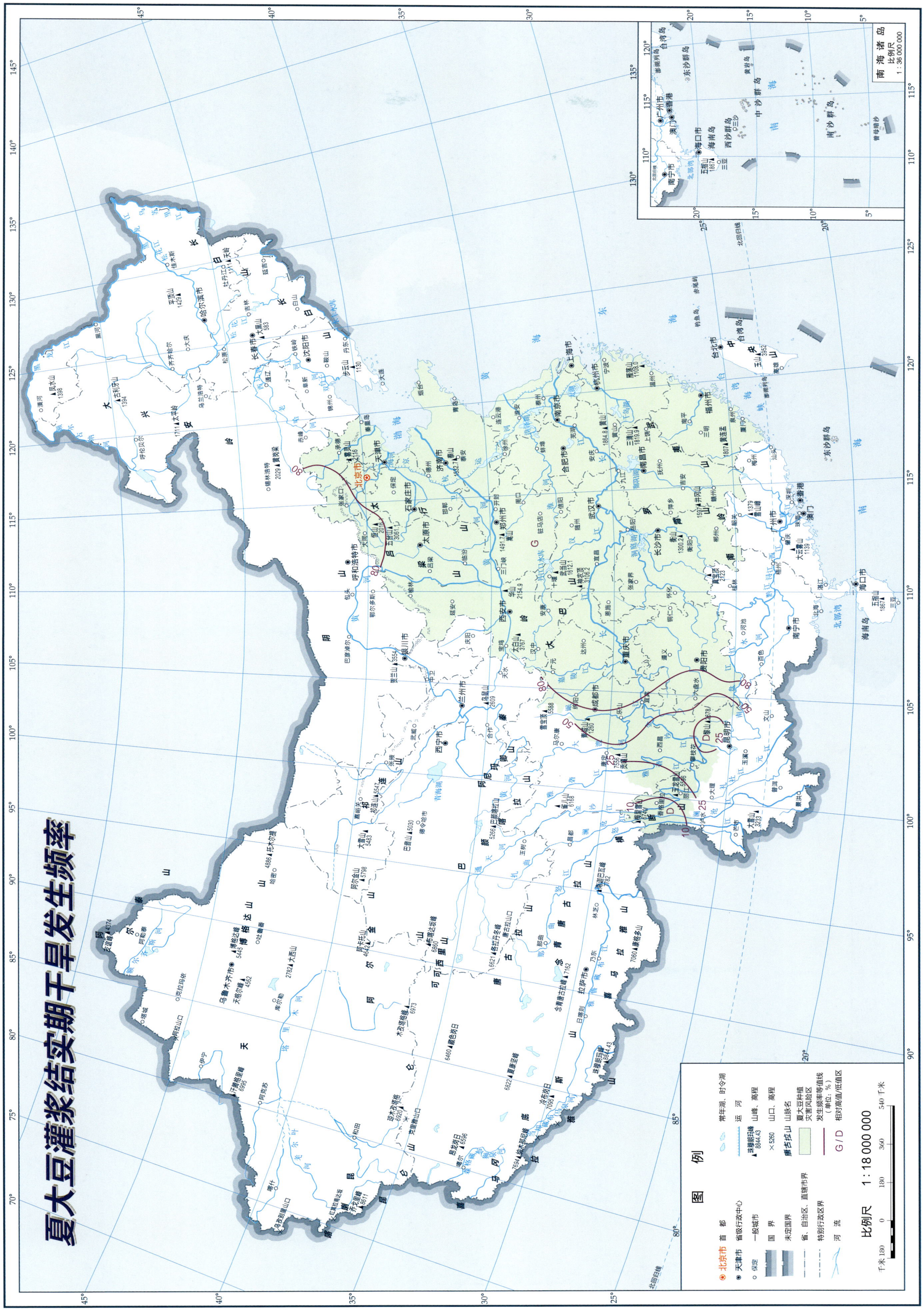
夏大豆灌浆结实期干旱发生频率
图例
北京市 首都
天津市 省级行政中心
保定 一般城市
国界
未定国界
省、自治区、直辖市界
特别行政区界
河流
常年湖、时令湖
运河
珠穆朗玛峰 8844.43 山峰、高程
×5260 山口、高程
唐古拉山 山脉名
夏大豆种植灾害风险区
发生频率等值线（单位：%）
G/D 相对高值/低值区
比例尺 1：18 000 000
南海诸岛
比例尺 1：36 000 000

夏大豆灌浆结实期干旱发生频次

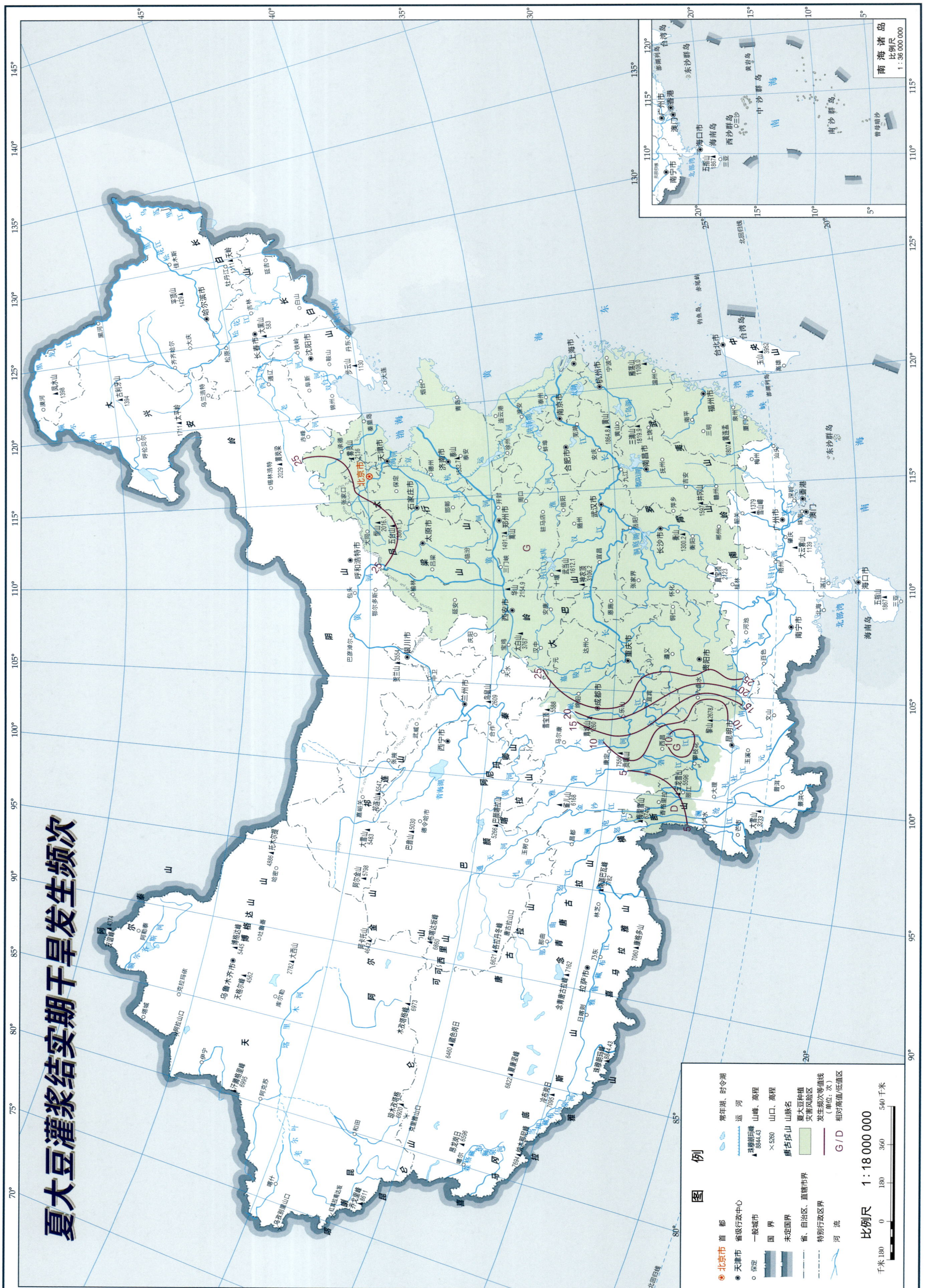

华南香蕉寒害过程发生频率

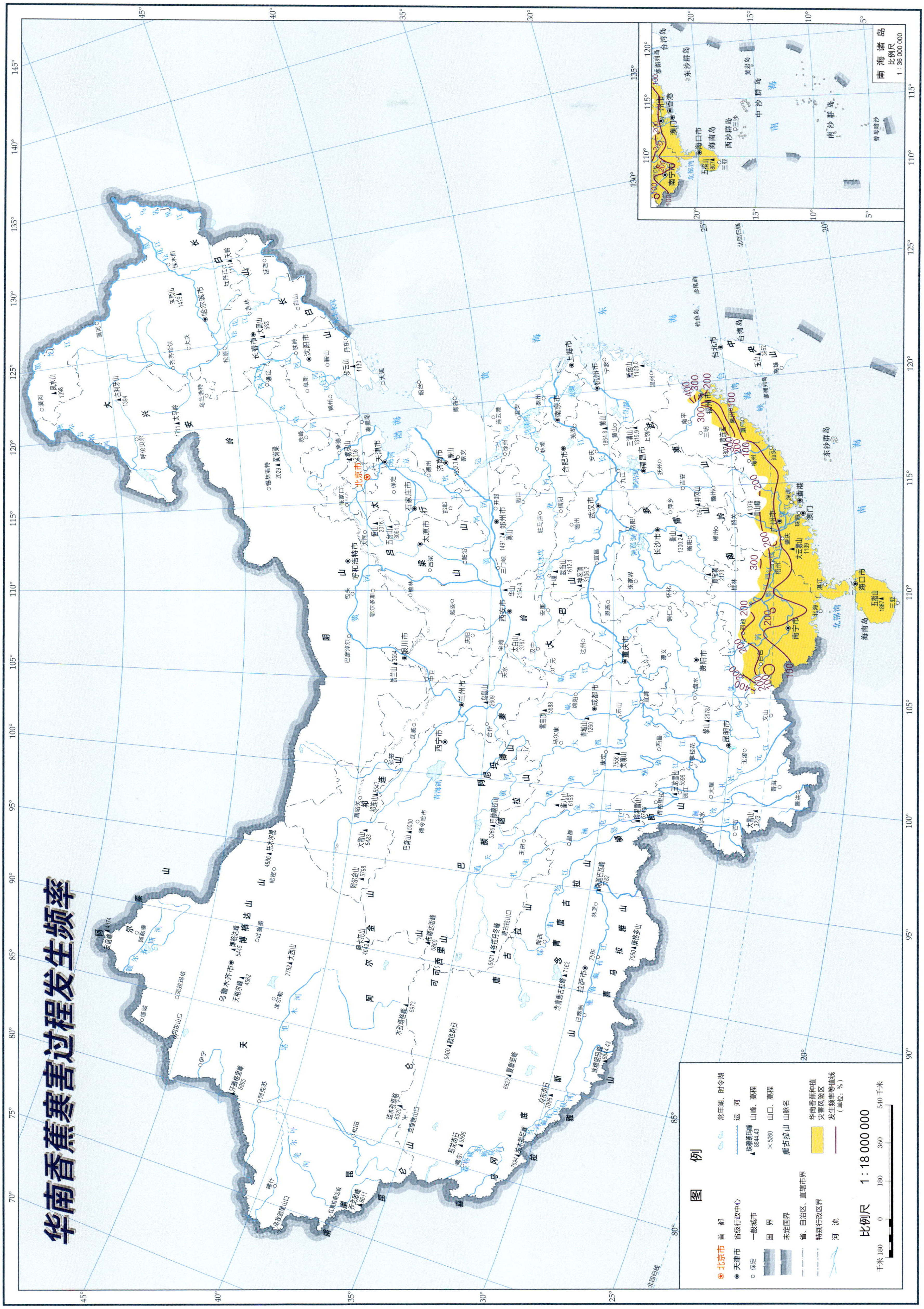

华南香蕉一级寒害过程发生频率

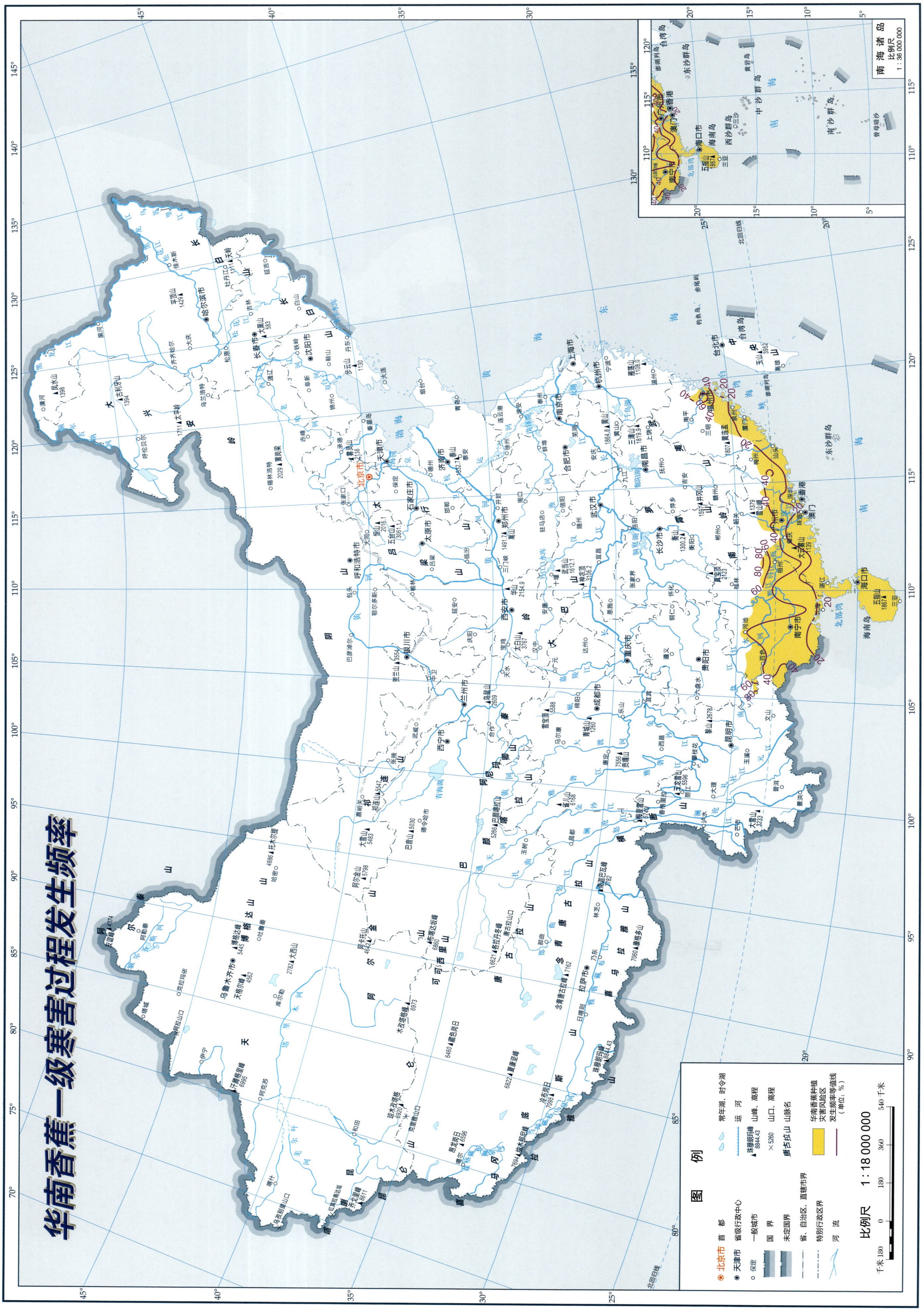

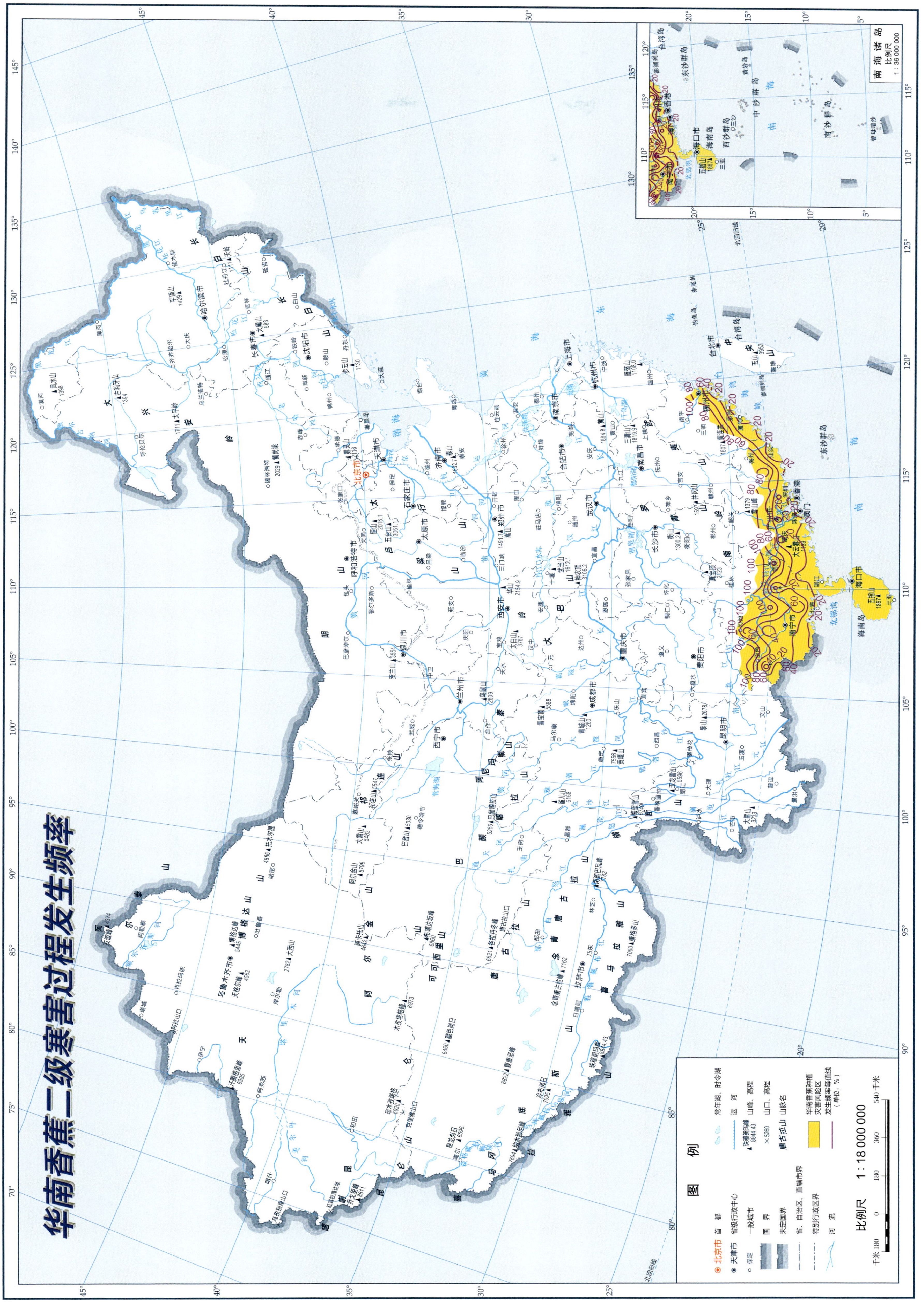
华南香蕉二级寒害过程发生频率
图例
北京市 首都
天津市 省级行政中心
保定 一般城市
国界
未定国界
省、自治区、直辖市界
特别行政区界
河流
常年湖、时令湖
运河
珠穆朗玛峰 8844.43 山峰、高程
×5260 山口、高程
唐古拉山 山脉名
华南香蕉种植灾害风险区
发生频率等值线（单位：%）
比例尺 1:18 000 000
南海诸岛
比例尺 1:36 000 000

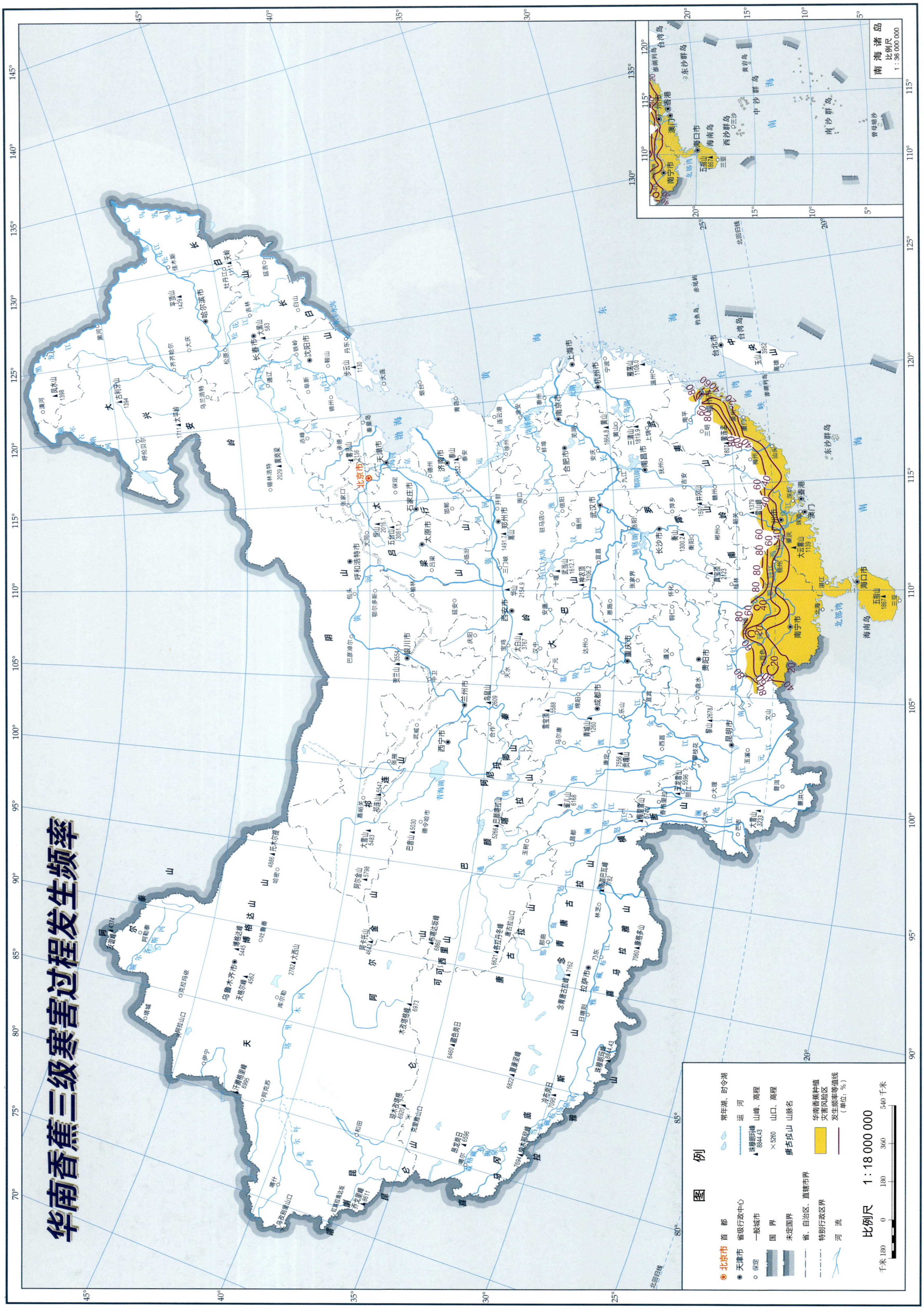
华南香蕉三级寒害过程发生频率
图例
北京市 首都
天津市 省级行政中心
保定 一般城市
国界
未定国界
省、自治区、直辖市界
特别行政区界
河流
常年湖、时令湖
运河
珠穆朗玛峰 8844.43 山峰、高程
×5260 山口、高程
唐古拉山 山脉名
华南香蕉种植寒害风险区
发生频率等值线（单位：%）
比例尺 1:18 000 000
南海诸岛
比例尺 1:36 000 000

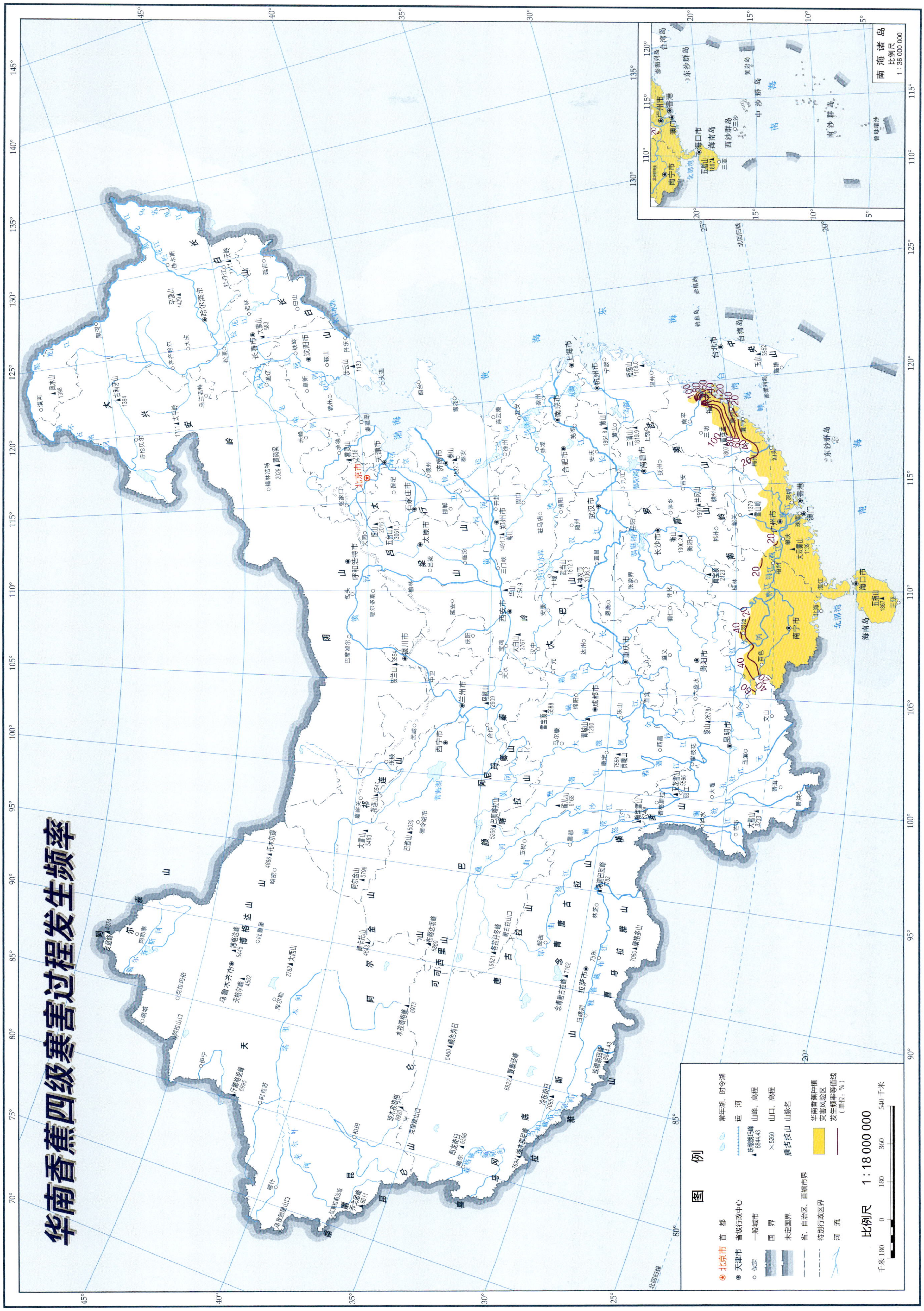
华南香蕉四级寒害过程发生频率
图例
北京市 首都
天津市 省级行政中心
保定 一般城市
国界
未定国界
省、自治区、直辖市界
特别行政区界
河流
常年湖、时令湖
运河
珠穆朗玛峰 8844.43 山峰、高程
×5260 山口、高程
唐古拉山 山脉名
华南香蕉种植灾害风险区
发生频率等值线（单位：%）
比例尺 1：18 000 000
南海诸岛
比例尺 1：36 000 000

华南荔枝寒害过程发生频率

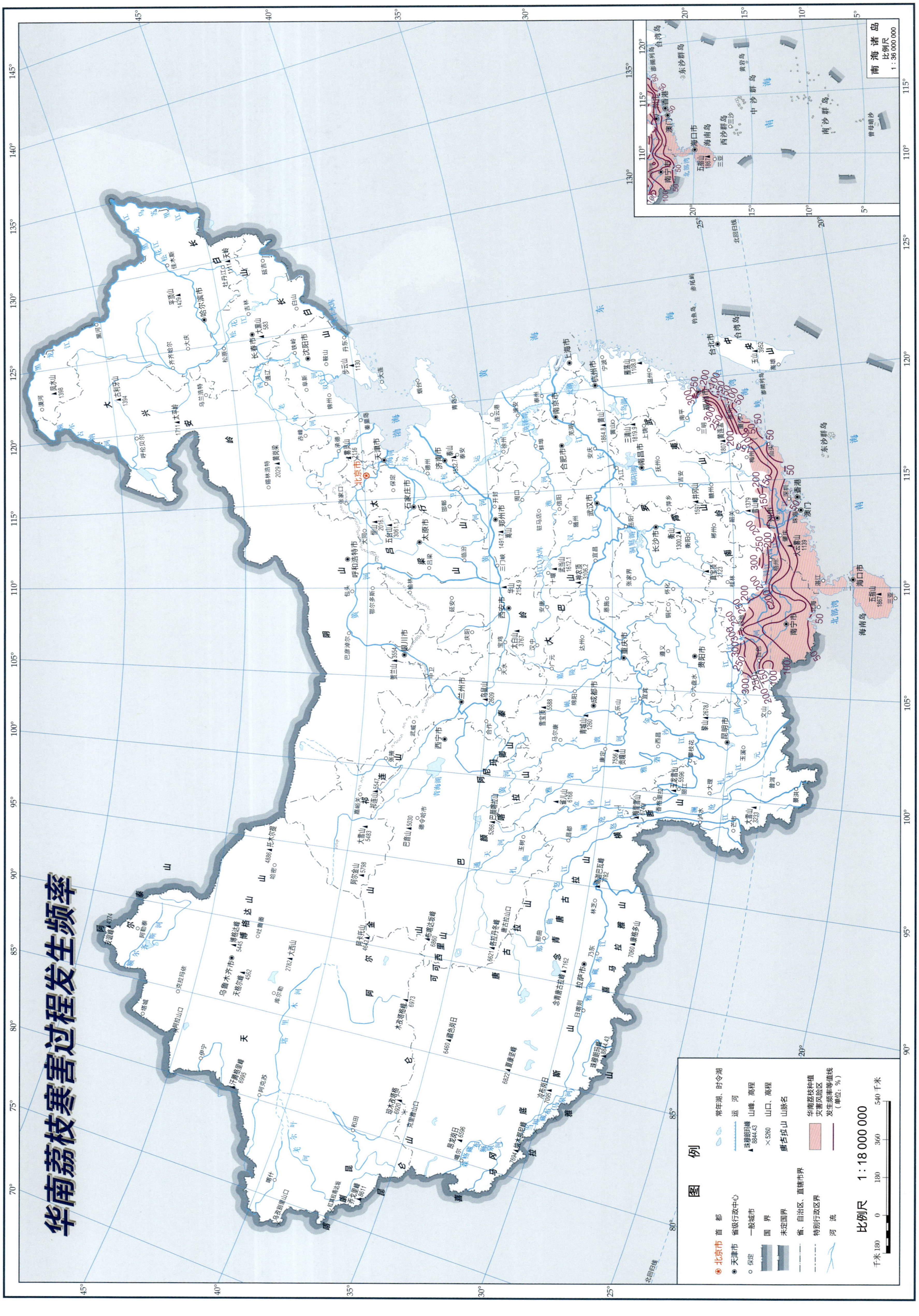

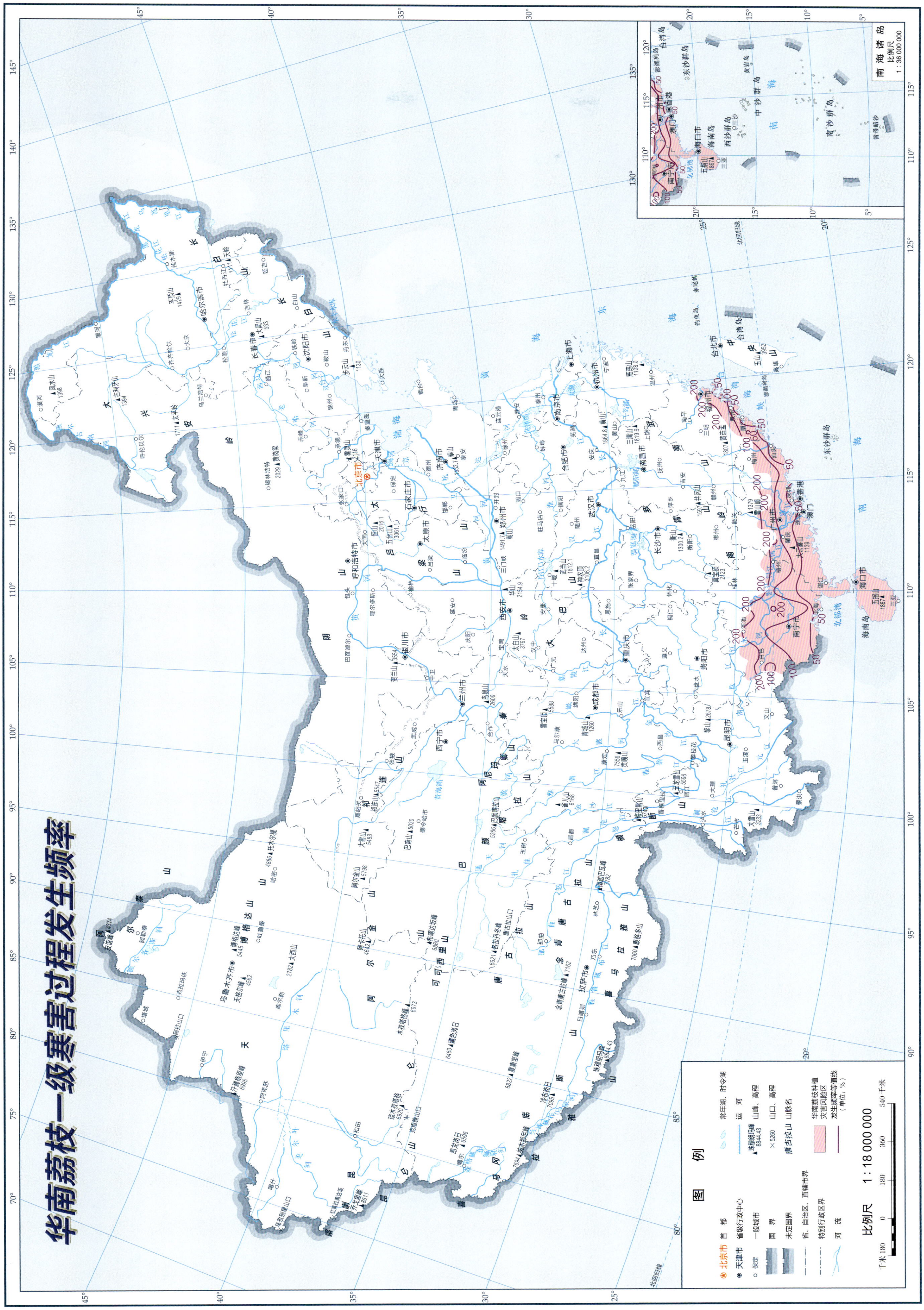

华南荔枝一级寒害过程发生频率
图例
北京市 首都
天津市 省级行政中心
保定 一般城市
国界
未定国界
省、自治区、直辖市界
特别行政区界
河流
常年湖、时令湖
运河
珠穆朗玛峰 8844.43 山峰、高程
×5260 山口、高程
唐古拉山 山脉名
华南荔枝种植灾害风险区
发生频率等值线（单位：%）
比例尺 1：18 000 000
千米 180 0 180 360 540千米
南海诸岛
比例尺 1：36 000 000

华南荔枝二级寒害过程发生频率

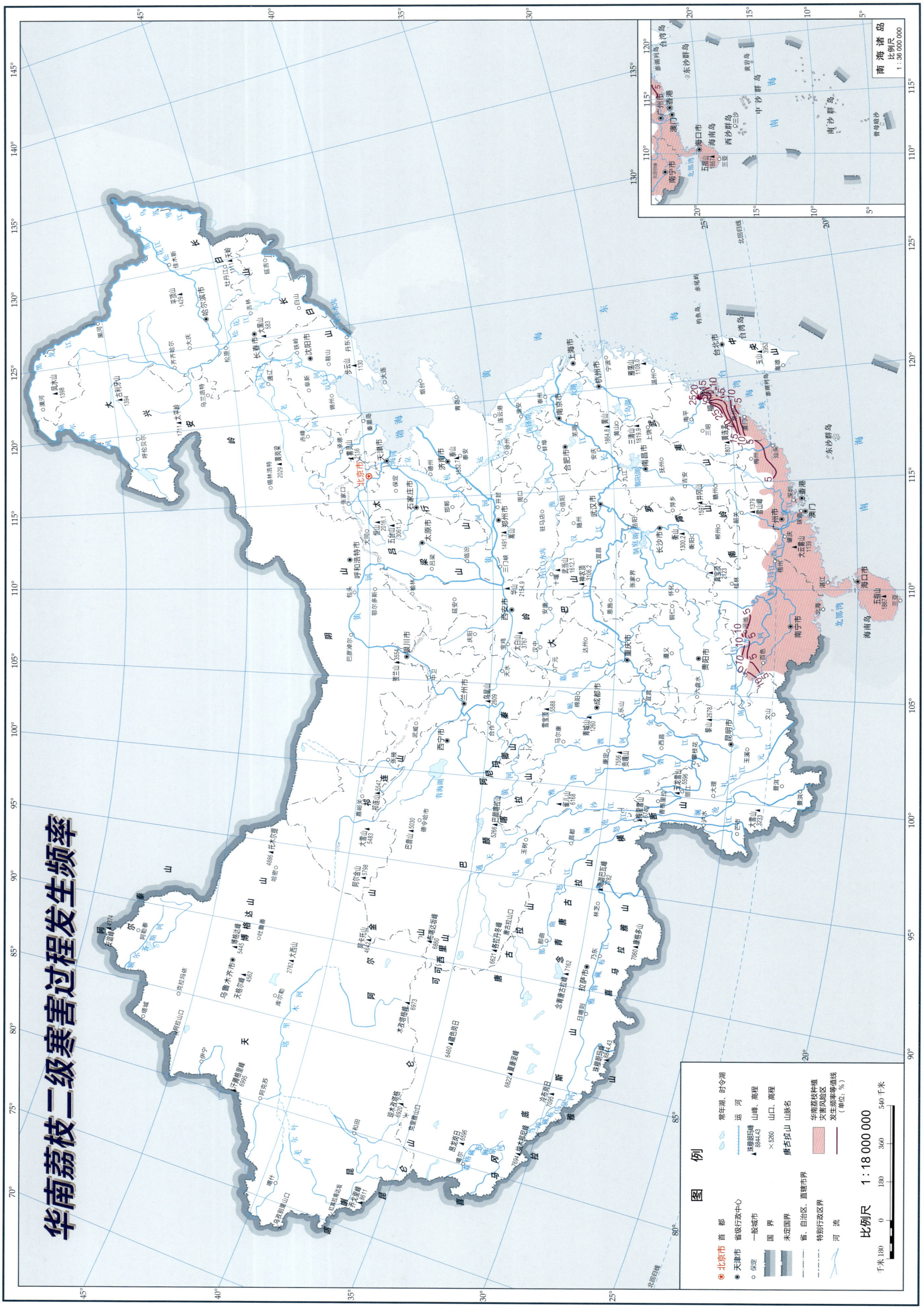

华南荔枝三级寒害过程发生频率

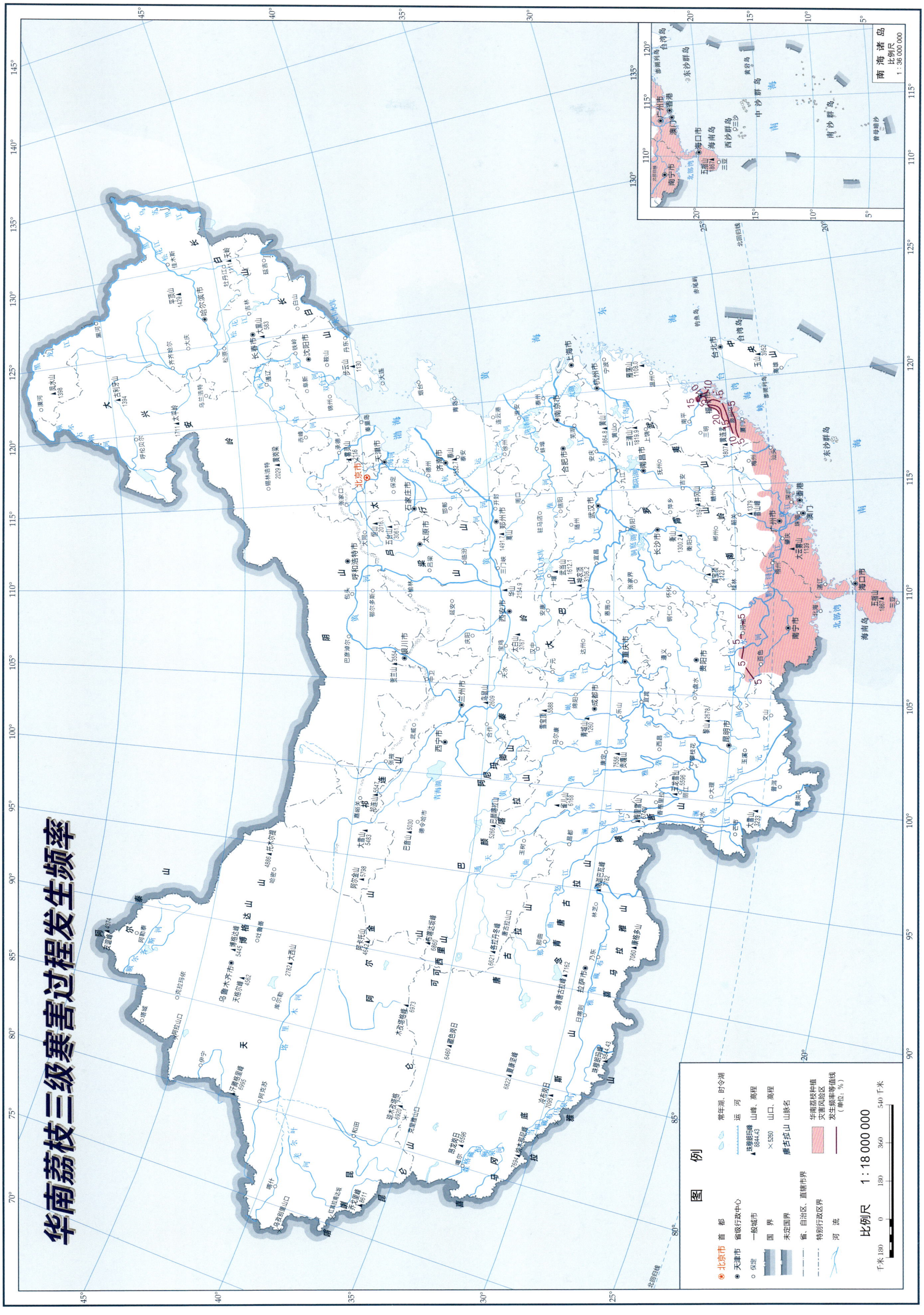

华南荔枝四级寒害过程发生频率

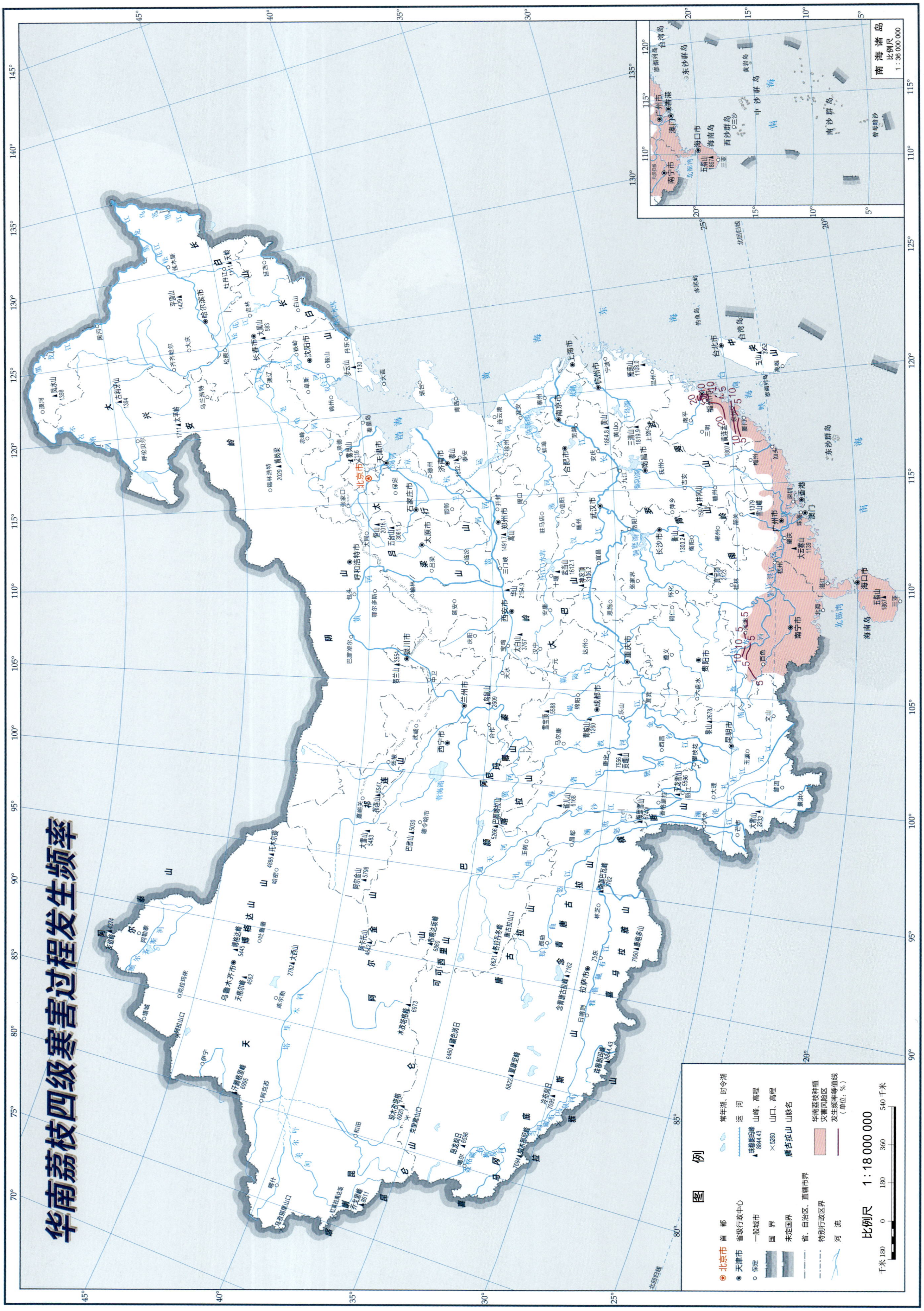

华南龙眼寒害过程发生频率

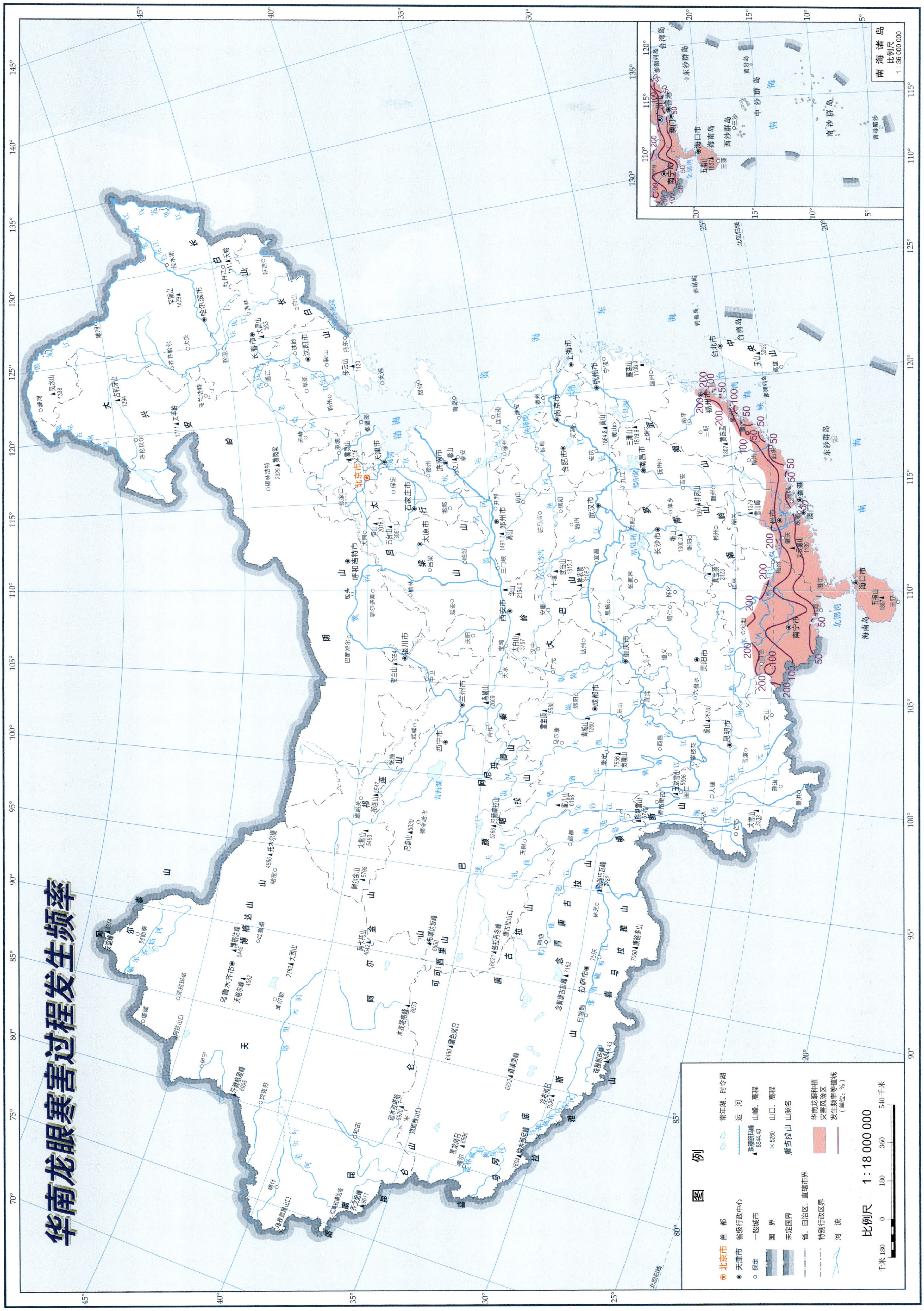

华南龙眼一级寒害过程发生频率

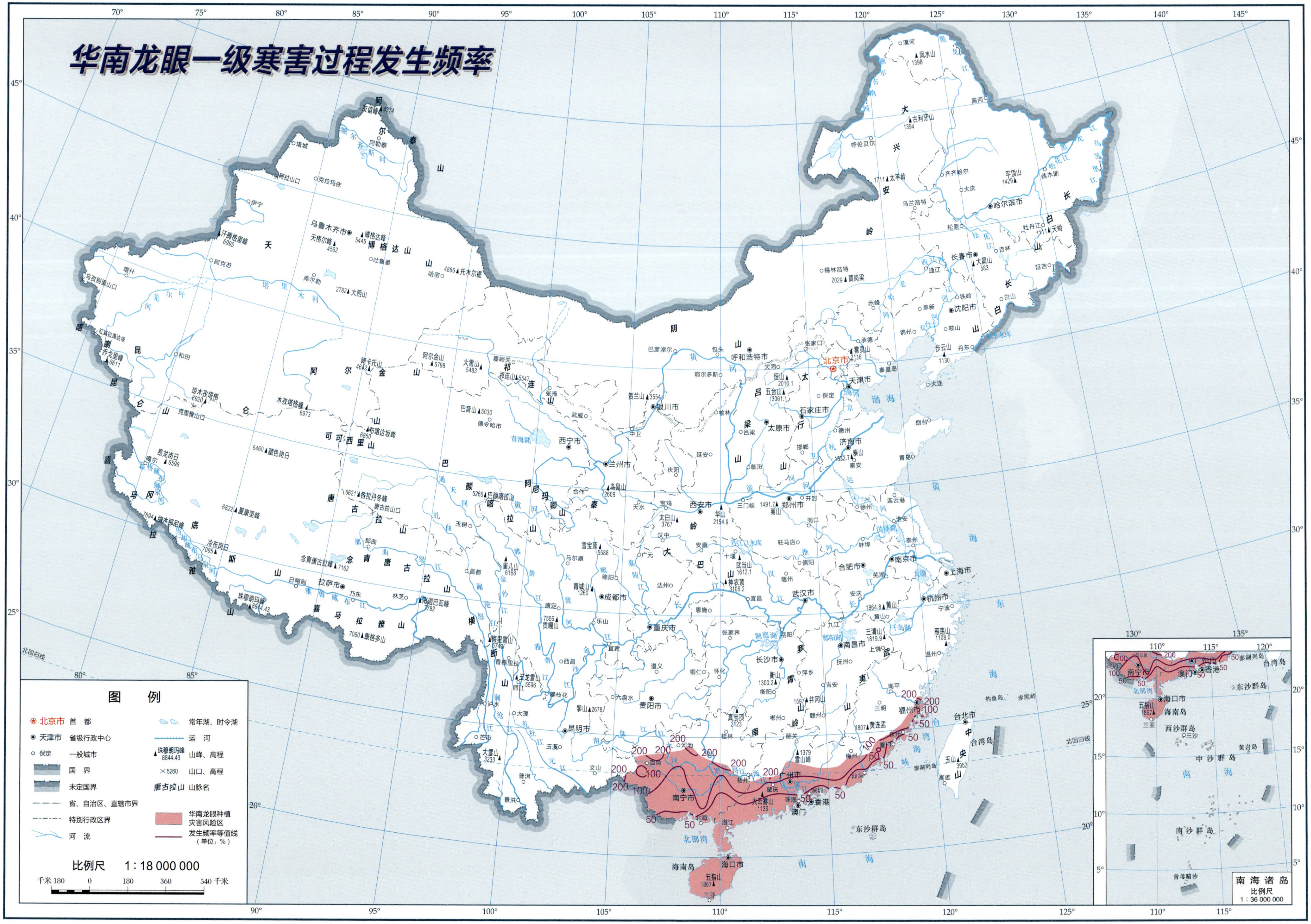

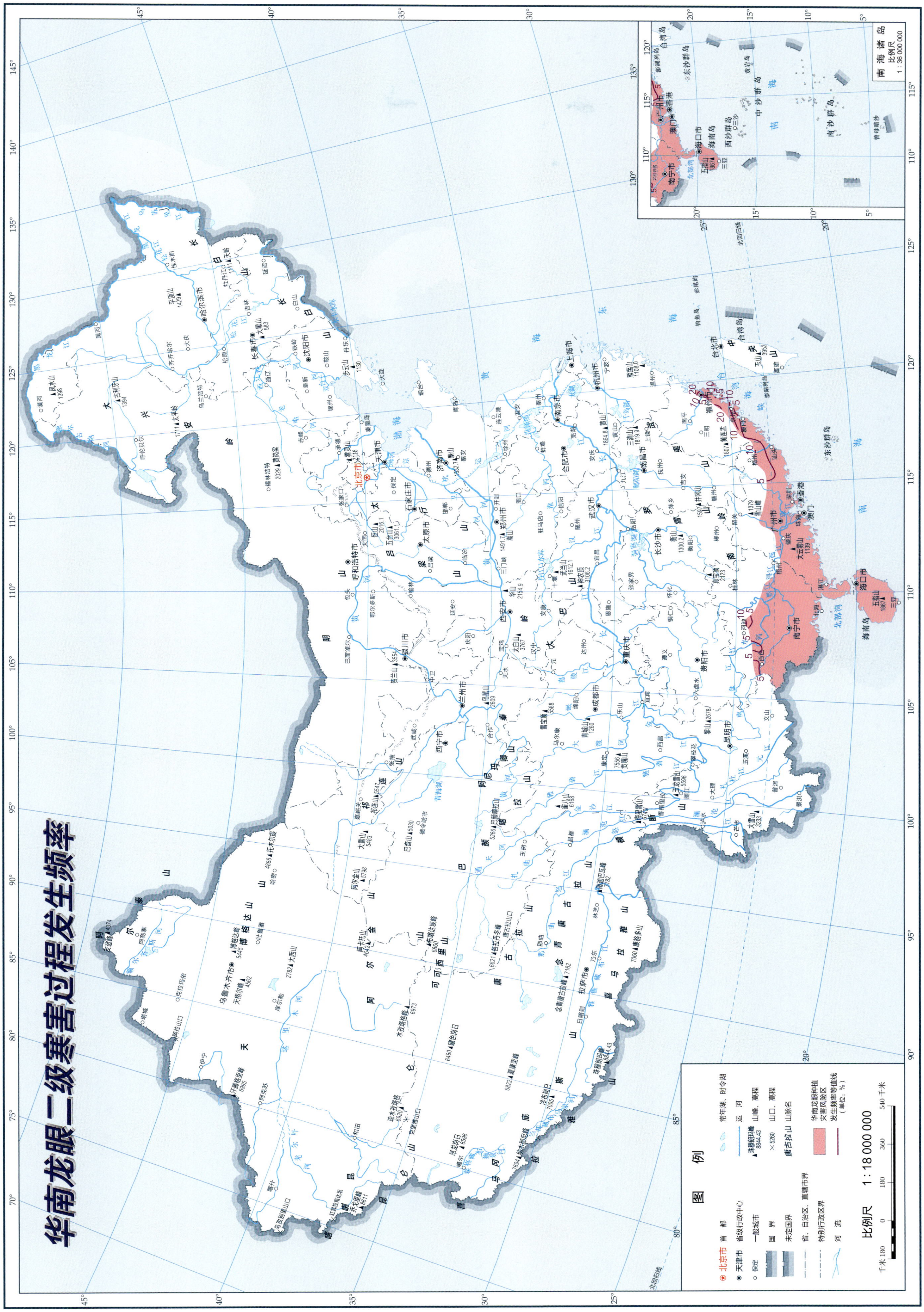
华南龙眼二级寒害过程发生频率
南海诸岛
比例尺 1∶36 000 000
图例
北京市 首都
天津市 省级行政中心
保定 一般城市
国界
未定国界
省、自治区、直辖市界
特别行政区界
河流
常年湖、时令湖
运河
珠穆朗玛峰 8844.43 山峰、高程
×5260 山口、高程
唐古拉山 山脉名
华南龙眼种植灾害风险区
发生频率等值线（单位：%）
比例尺 1∶18 000 000

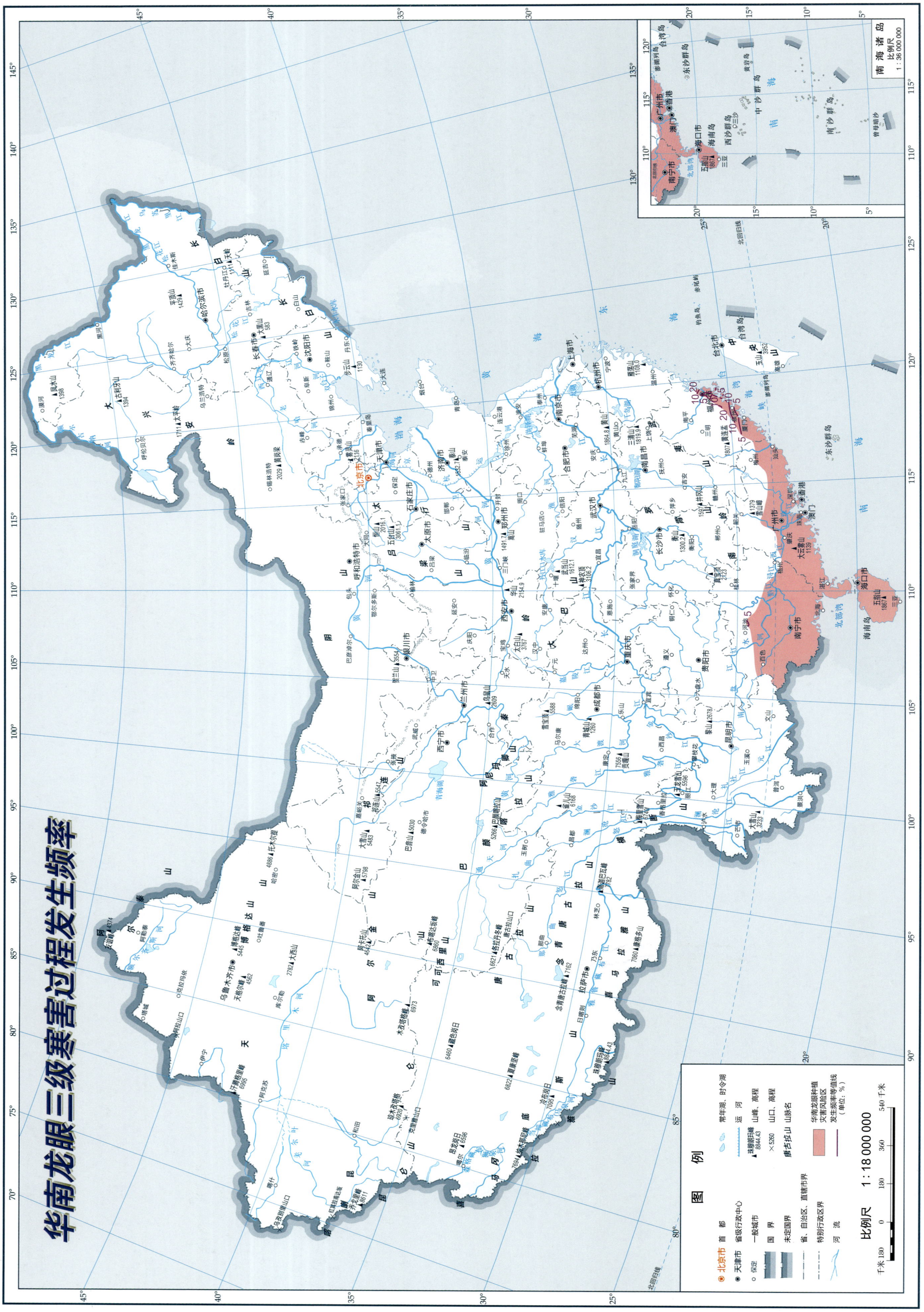
华南龙眼三级寒害过程发生频率
图例
北京市 首都
天津市 省级行政中心
保定 一般城市
国界
未定国界
省、自治区、直辖市界
特别行政区界
河流
常年湖、时令湖
运河
珠穆朗玛峰 8844.43 山峰、高程
×5260 山口、高程
唐古拉山 山脉名
华南龙眼种植灾害风险区
发生频率等值线（单位：%）
比例尺 1:18 000 000
南海诸岛
比例尺 1:36 000 000

华南龙眼四级寒害过程发生频率

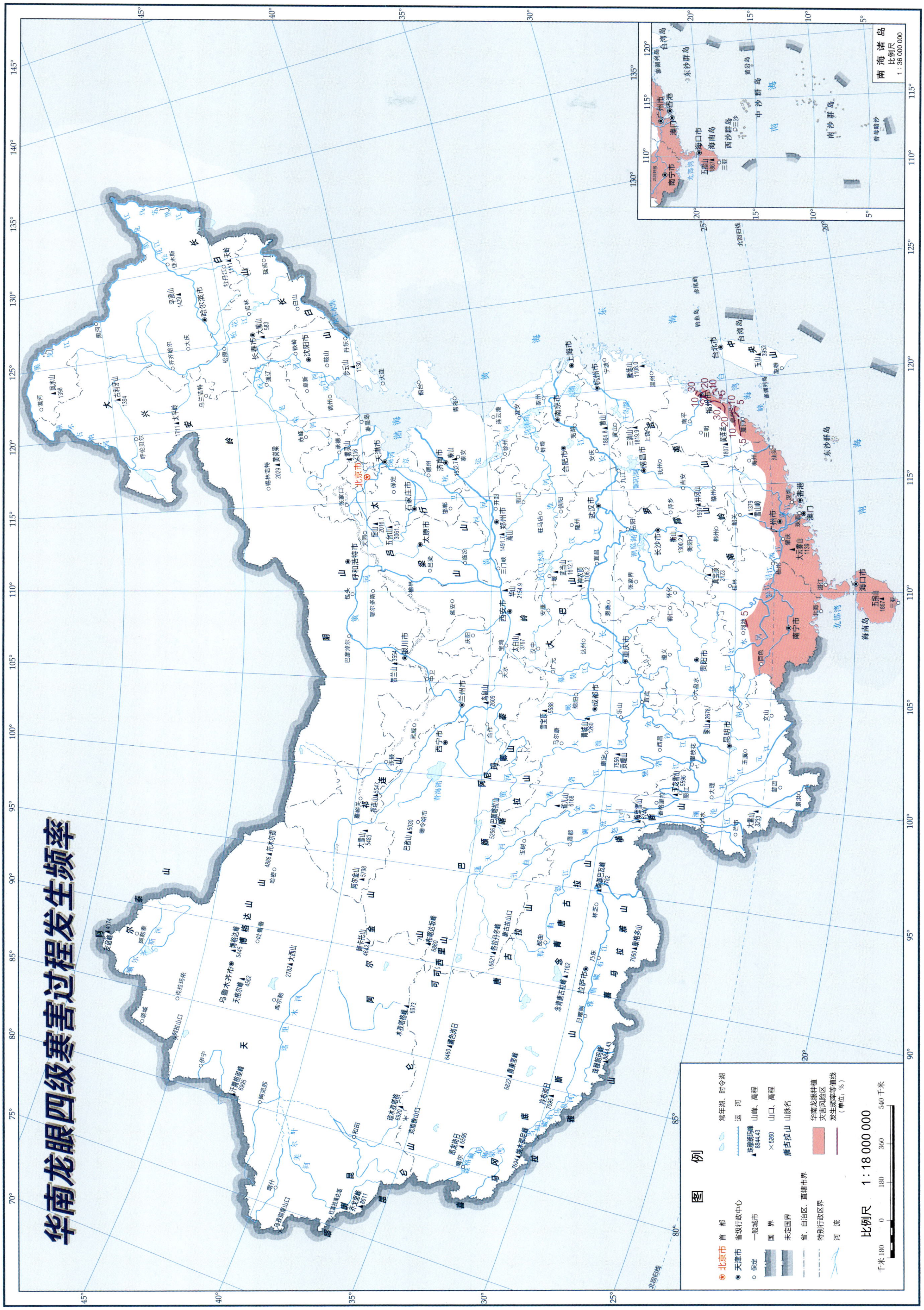

双季早稻稻瘟病发生气象条件分布

（日平均温度20—28℃日平均相对湿度≥90%的日数）

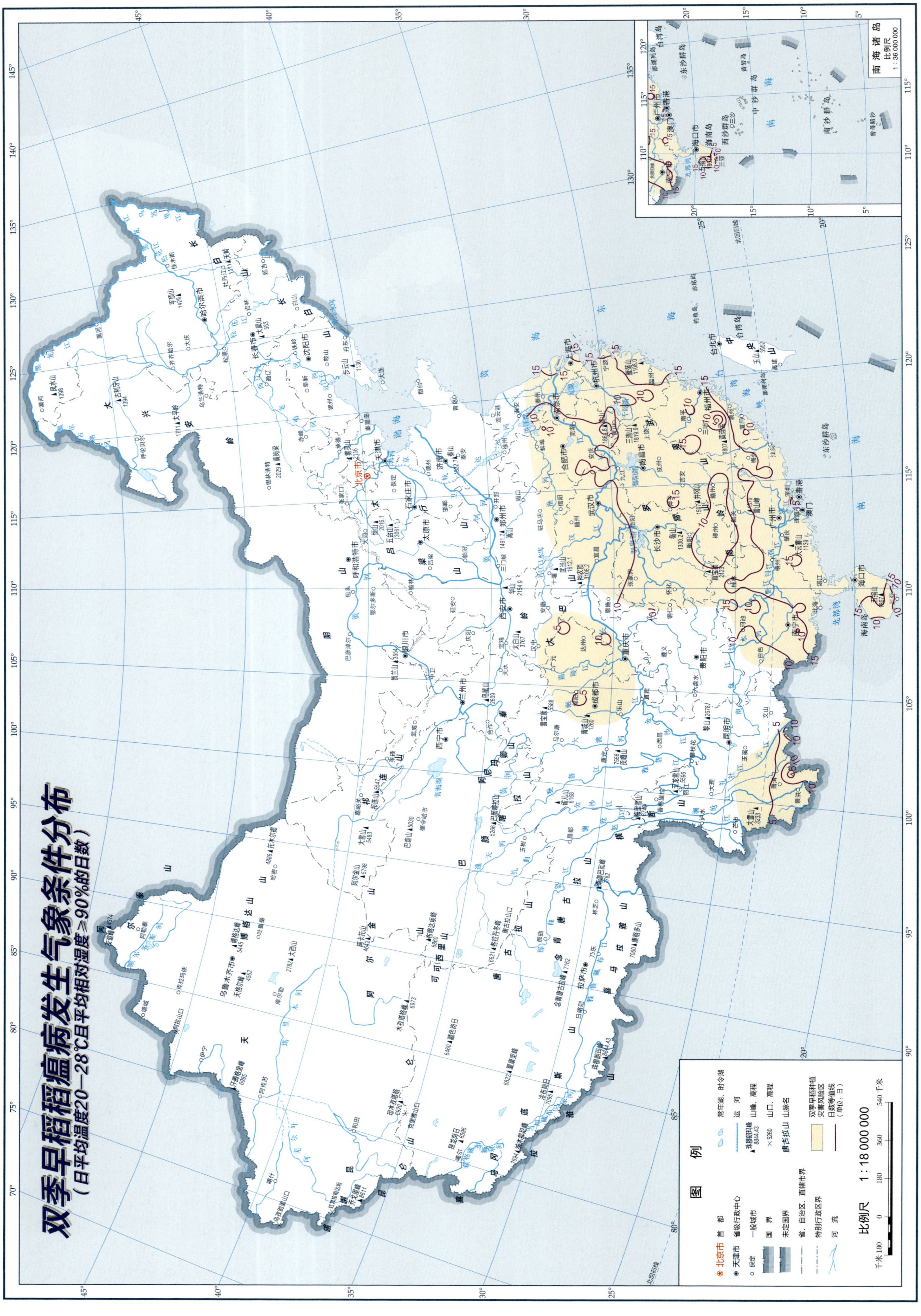

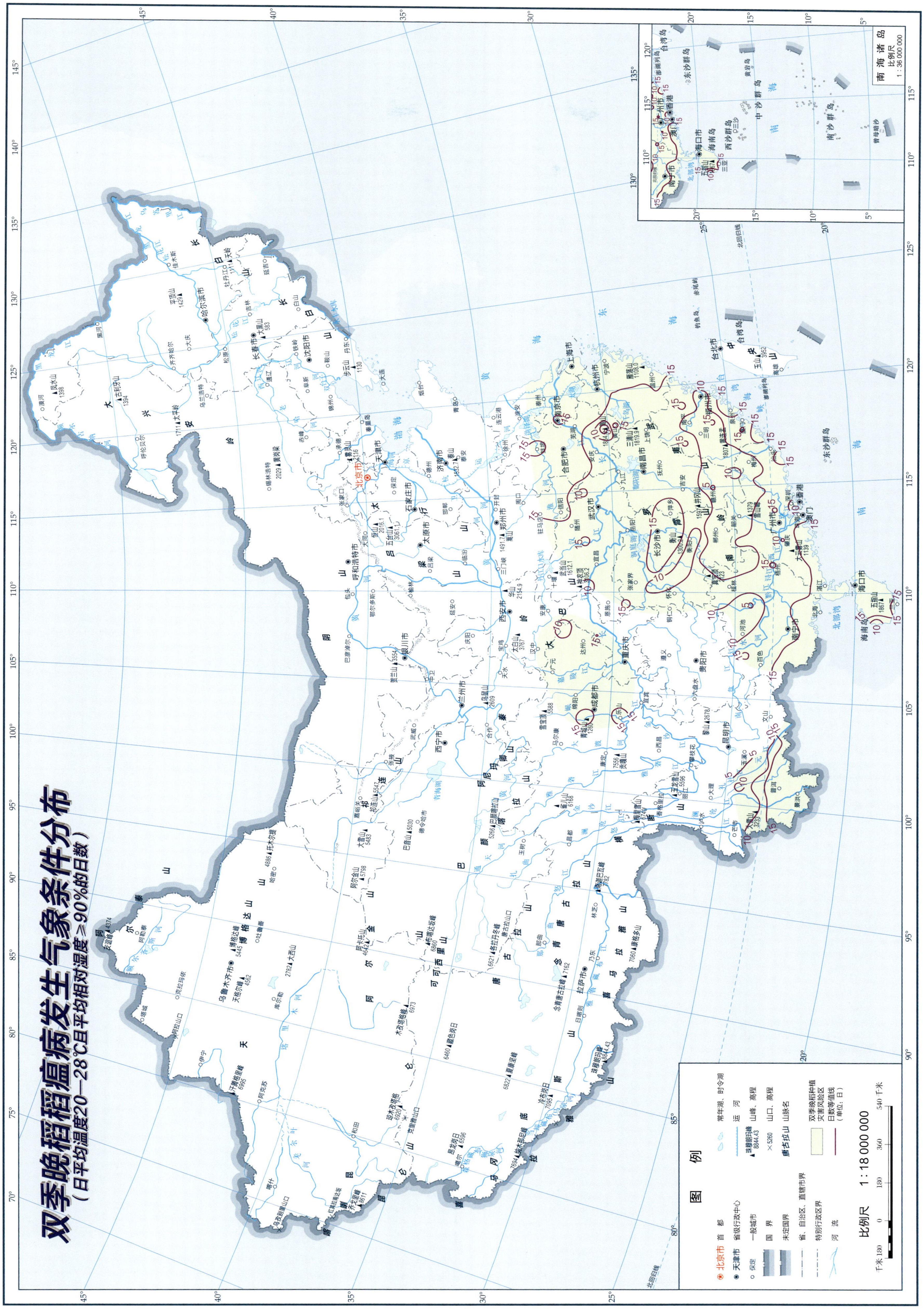
双季晚稻稻瘟病发生气象条件分布
（日平均温度20－28℃日平均相对湿度≥90%的日数）
南海诸岛
比例尺
1：36 000 000
图例
北京市 首都
天津市 省级行政中心
保定 一般城市
国界
未定国界
省、自治区、直辖市界
特别行政区界
河流
常年湖、时令湖
运河
珠穆朗玛峰 8844.43 山峰、高程
×5260 山口、高程
唐古拉山 山脉名
双季晚稻种植灾害风险区
日数等值线（单位：日）
比例尺 1：18 000 000

双季晚稻稻瘟病低温诱发气象条件分布

（抽穗期日平均温度<20℃且持续日数≥3日的累积日数）

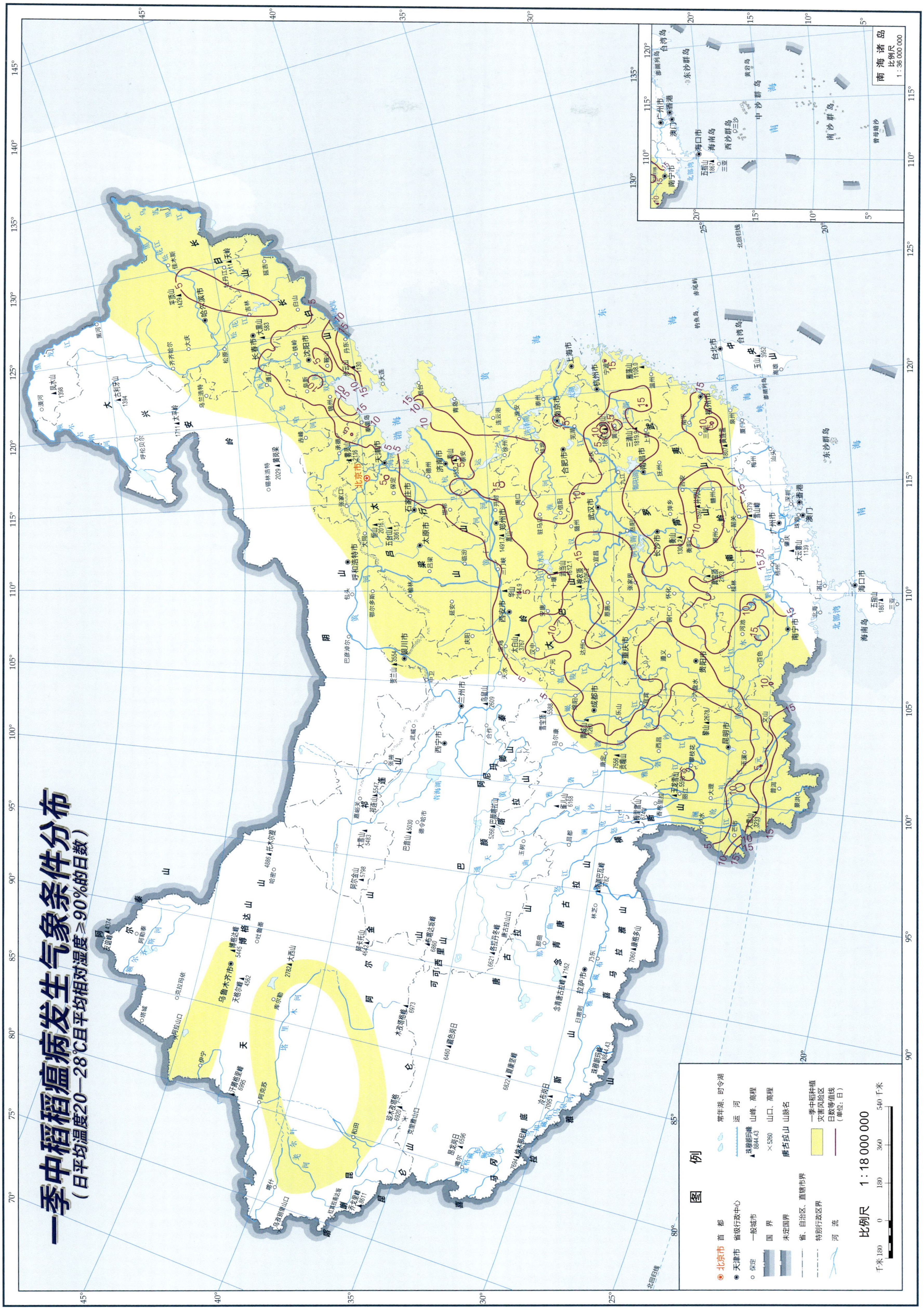

一季中稻稻瘟病发生气象条件分布

（日平均温度20～28℃日平均相对湿度≥90%的日数）

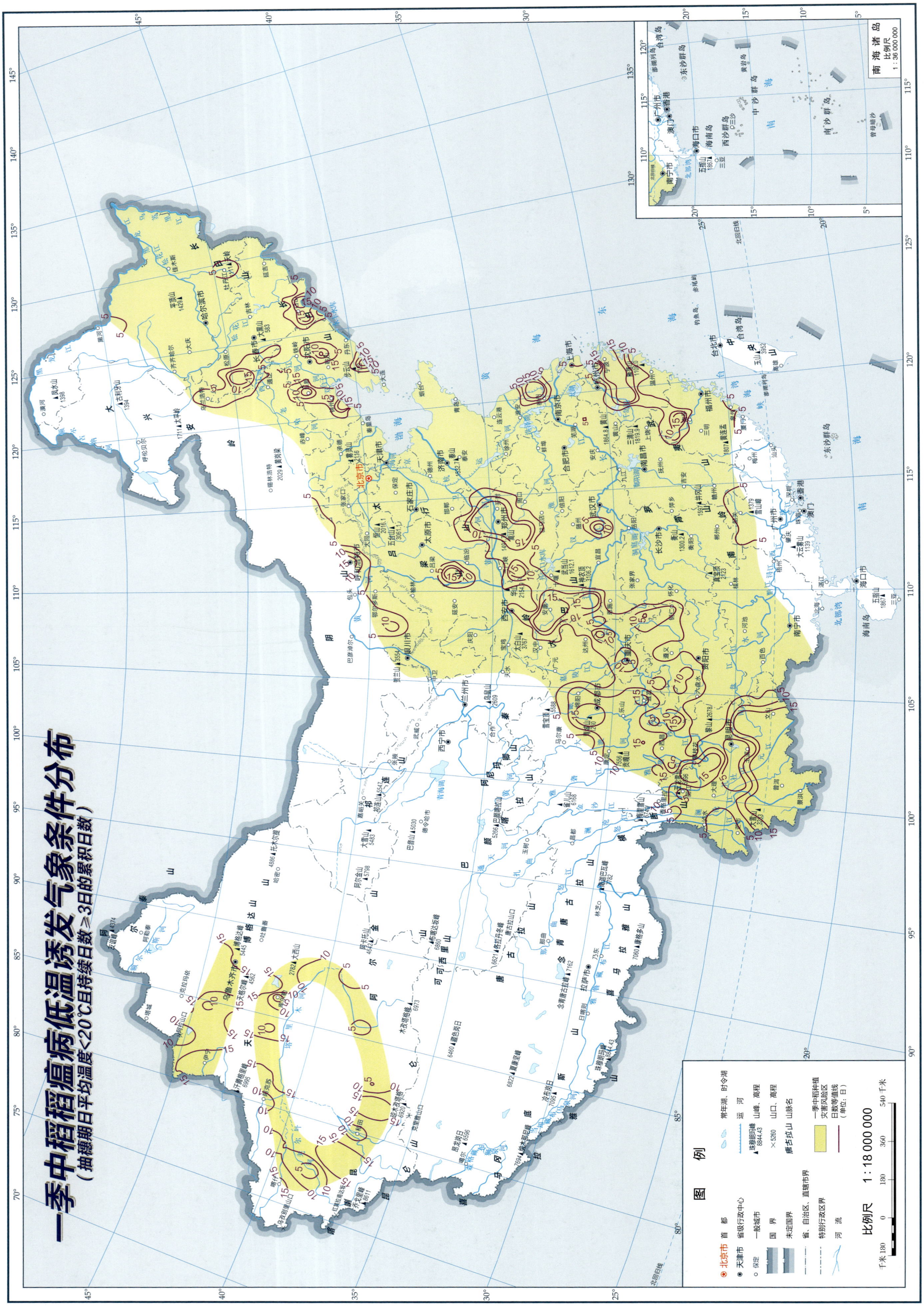
一季中稻稻瘟病低温诱发气象条件分布
（抽穗期日平均温度<20℃且持续日数≥3日的累积日数）
图例
北京市 首都
天津市 省级行政中心
保定 一般城市
国界
未定国界
省、自治区、直辖市界
特别行政区界
河流
常年湖、时令湖
运河
珠穆朗玛峰 8844.43 山峰、高程
×5260 山口、高程
唐古拉山 山脉名
一季中稻种植灾害风险区
日数等值线（单位：日）
比例尺 1：18 000 000
南海诸岛
比例尺 1：36 000 000

双季早稻三化螟发生气象条件分布
（日平均温度20—27.5℃且平均相对湿度≥90%的日数）
南海诸岛
比例尺 1:36 000 000
图例
北京市 首都
天津市 省级行政中心
保定 一般城市
国界
未定国界
省、自治区、直辖市界
特别行政区界
河流
常年湖、时令湖
运河
珠穆朗玛峰 8844.43 山峰、高程
5260 山口、高程
唐古拉山 山脉名
双季早稻种植灾害风险区
日数等值线（单位：日）
比例尺 1:18 000 000

双季晚稻三化螟发生气象条件分布
（日平均温度20—27.5℃且平均相对湿度≥90%的日数）

一季中稻三化螟发生气象条件分布
（日平均温度20—27.5℃日平均相对湿度≥90%的日数）
图例
北京市 首都
天津市 省级行政中心
保定 一般城市
国界
未定国界
省、自治区、直辖市界
特别行政区界
河流
常年湖、时令湖
运河
珠穆朗玛峰 8844.43 山峰、高程
×5260 山口、高程
唐古拉山 山脉名
一季中稻种植灾害风险区
日数等值线（单位：日）
比例尺 1:18 000 000
南海诸岛
比例尺 1:36 000 000

双季早稻二化螟卵孵化气象条件分布
（日平均温度22—26℃日平均相对湿度80%—90%的日数）

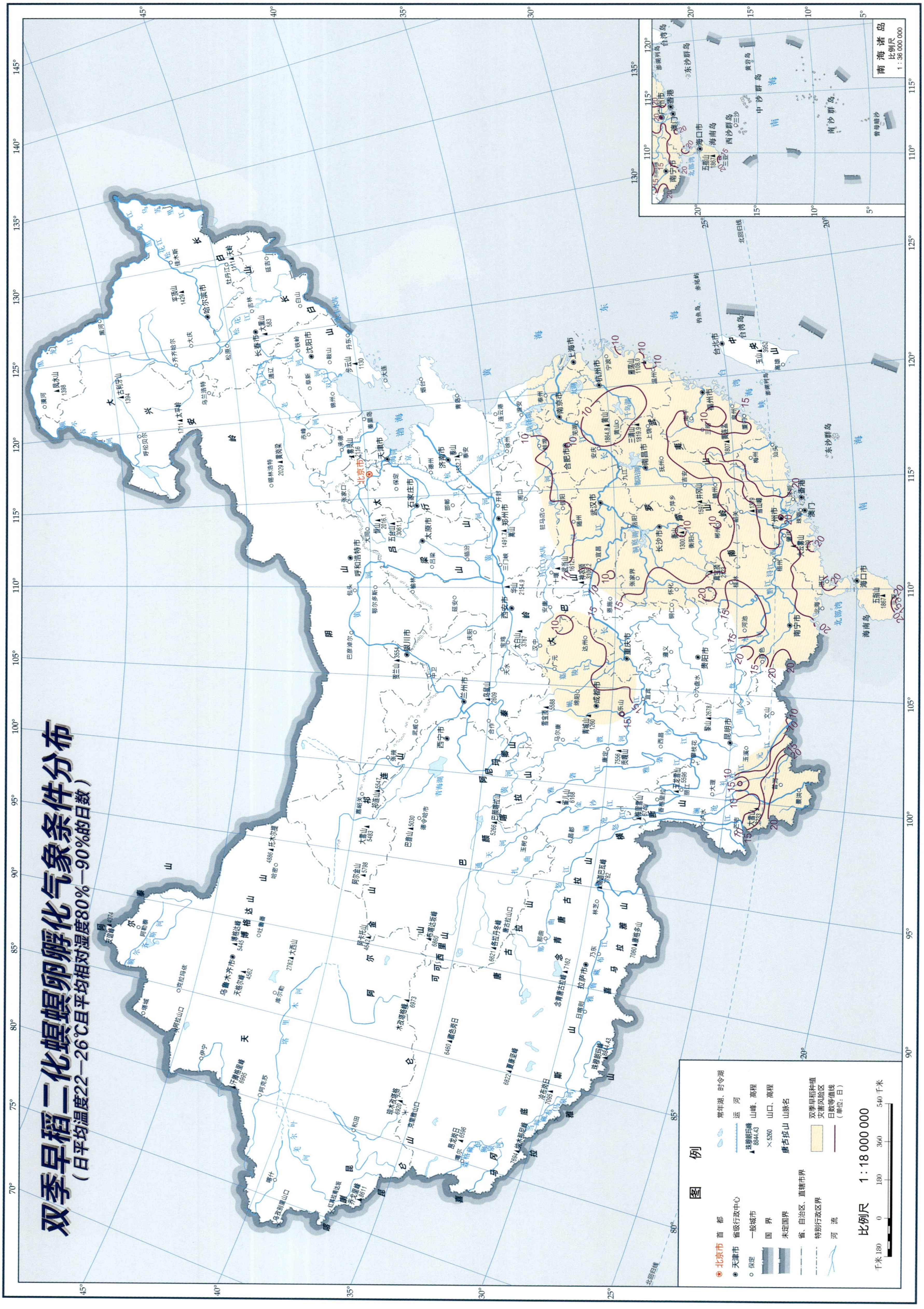

双季早稻二化螟幼虫发育气象条件分布
（日平均温度20—30℃日平均相对湿度≥70%的日数）
图例
北京市 首都
天津市 省级行政中心
保定 一般城市
国界
未定国界
省、自治区、直辖市界
特别行政区界
河流
常年湖、时令湖
运河
珠穆朗玛峰 8844.43 山峰、高程
×5260 山口、高程
唐古拉山 山脉名
双季早稻种植灾害风险区
日数等值线（单位：日）
比例尺 1:18 000 000
南海诸岛
比例尺 1:36 000 000

双季晚稻二化螟螟卵孵化气象条件分布
（日平均温度22—26℃且平均相对湿度80%—90%的日数）

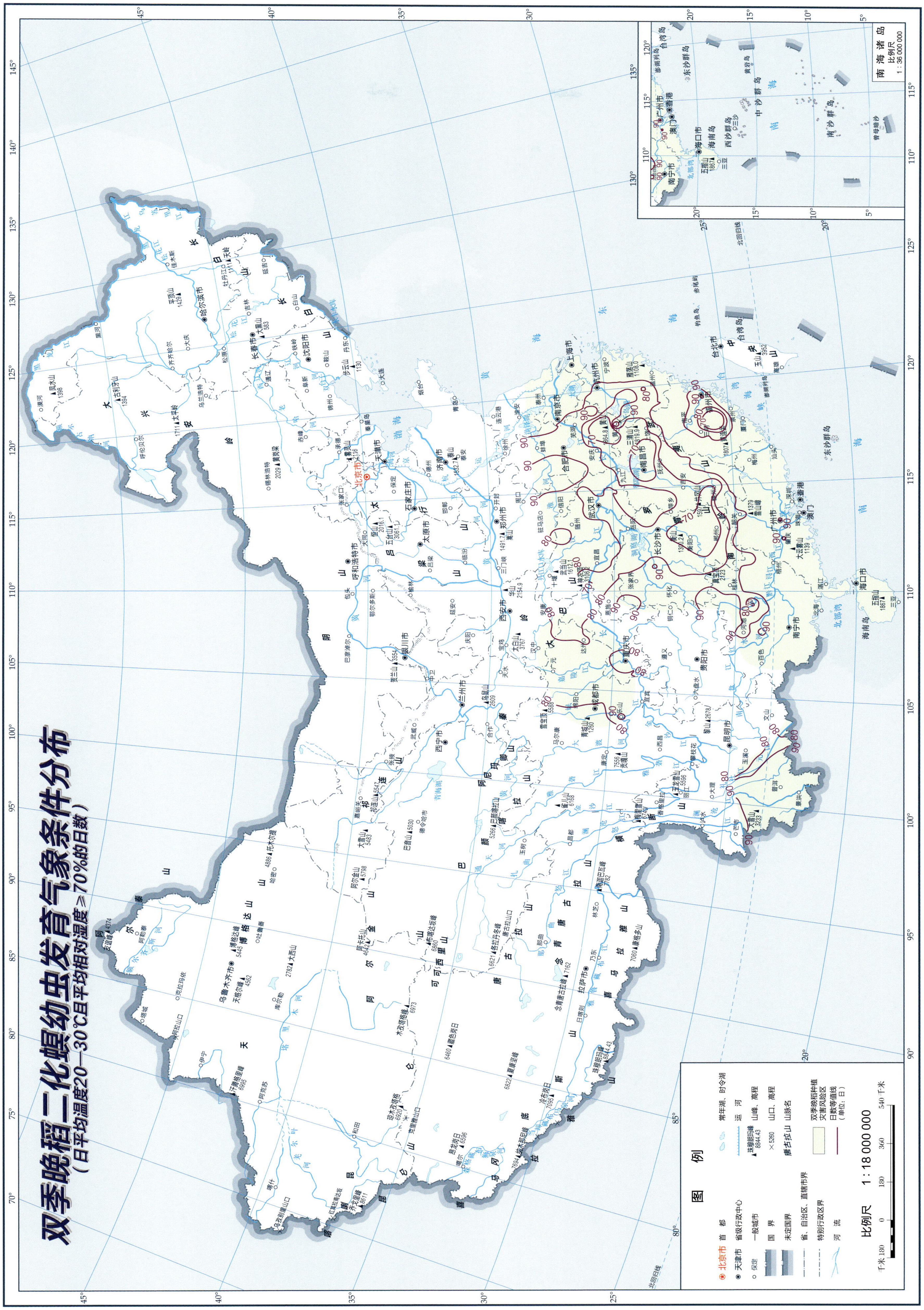
双季晚稻二化螟幼虫发育气象条件分布
（日平均温度20—30℃日平均相对湿度≥70%的日数）
南海诸岛
比例尺 1:36 000 000
图例
北京市 首都
天津市 省级行政中心
保定 一般城市
国界
未定国界
省、自治区、直辖市界
特别行政区界
河流
常年湖、时令湖
运河
珠穆朗玛峰 8844.43 山峰、高程
×5260 山口、高程
唐古拉山 山脉名
双季晚稻种植灾害风险区
日数等值线（单位：日）
比例尺 1:18 000 000
千米 180 0 180 360 540 千米

一季中稻二化螟螟卵孵化气象条件分布
（日平均温度22—26℃日平均相对湿度80%—90%的日数）
图例
北京市 首都
天津市 省级行政中心
保定 一般城市
国界
未定国界
省、自治区、直辖市界
特别行政区界
河流
常年湖、时令湖
运河
珠穆朗玛峰 8844.43 山峰、高程
×5260 山口、高程
唐古拉山 山脉名
一季中稻种植灾害风险区
日数等值线（单位：日）
比例尺 1:18 000 000
南海诸岛
比例尺 1:36 000 000

一季中稻二化螟幼虫发育气象条件分布
（日平均温度20—30℃日平均相对湿度≥70%的日数）
南海诸岛
比例尺 1：36 000 000
图例
北京市 首都
天津市 省级行政中心
保定 一般城市
国界
未定国界
省、自治区、直辖市界
特别行政区界
河流
常年湖、时令湖
运河
珠穆朗玛峰 8844.43 山峰、高程
×5260 山口、高程
唐古拉山 山脉名
一季中稻种植灾害风险区
日数等值线（单位：日）
比例尺 1：18 000 000

稻飞虱越冬气象条件分布

（最冷月平均温度）

双季早稻稻飞虱田间发生气象条件分布

（日平均温度22—28℃且平均相对湿度80%—90%的日数）

双季旱稻稻飞虱迁入气象条件分布

（日平均温度22—28℃的雨日数）

双季晚稻稻飞虱田间发生气象条件分布
（日平均温度22—28℃且平均相对湿度80%—90%的日数）
图 例
北京市 首 都
天津市 省级行政中心
保定 一般城市
国 界
未定国界
省、自治区、直辖市界
特别行政区界
河 流
常年湖、时令湖
运 河
珠穆朗玛峰 8844.43 山峰、高程
5260 山口、高程
唐古拉山 山脉名
双季晚稻种植灾害风险区
日数等值线（单位：日）
比例尺 1：18 000 000
千米 180 0 180 360 540 千米
南海诸岛
比例尺
1：36 000 000

双季晚稻稻飞虱迁入气象条件分布

（日平均温度22—28℃的雨日数）

一季中稻稻飞虱田间发生气象条件分布
（日平均温度22—28℃日平均相对湿度80%—90%的日数）
南海诸岛
比例尺 1:36 000 000
图例
北京市 首都
天津市 省级行政中心
保定 一般城市
国界
未定国界
省、自治区、直辖市界
特别行政区界
河流
常年湖、时令湖
运河
珠穆朗玛峰 8844.43 山峰、高程
×5260 山口、高程
唐古拉山 山脉名
一季中稻种植灾害风险区
日数等值线（单位：日）
比例尺 1:18 000 000

一季中稻稻飞虱迁入气象条件分布
（日平均温度22－28℃的雨日数）
图 例
北京市 首 都
天津市 省级行政中心
保定 一般城市
国 界
未定国界
省、自治区、直辖市界
特别行政区界
河 流
常年湖、时令湖
运 河
珠穆朗玛峰 8844.43 山峰、高程
×5260 山口、高程
唐古拉山 山脉名
一季中稻种植迁入风险区
日数等值线（单位：日）
比例尺 1：18 000 000
南海诸岛
比例尺 1：36 000 000

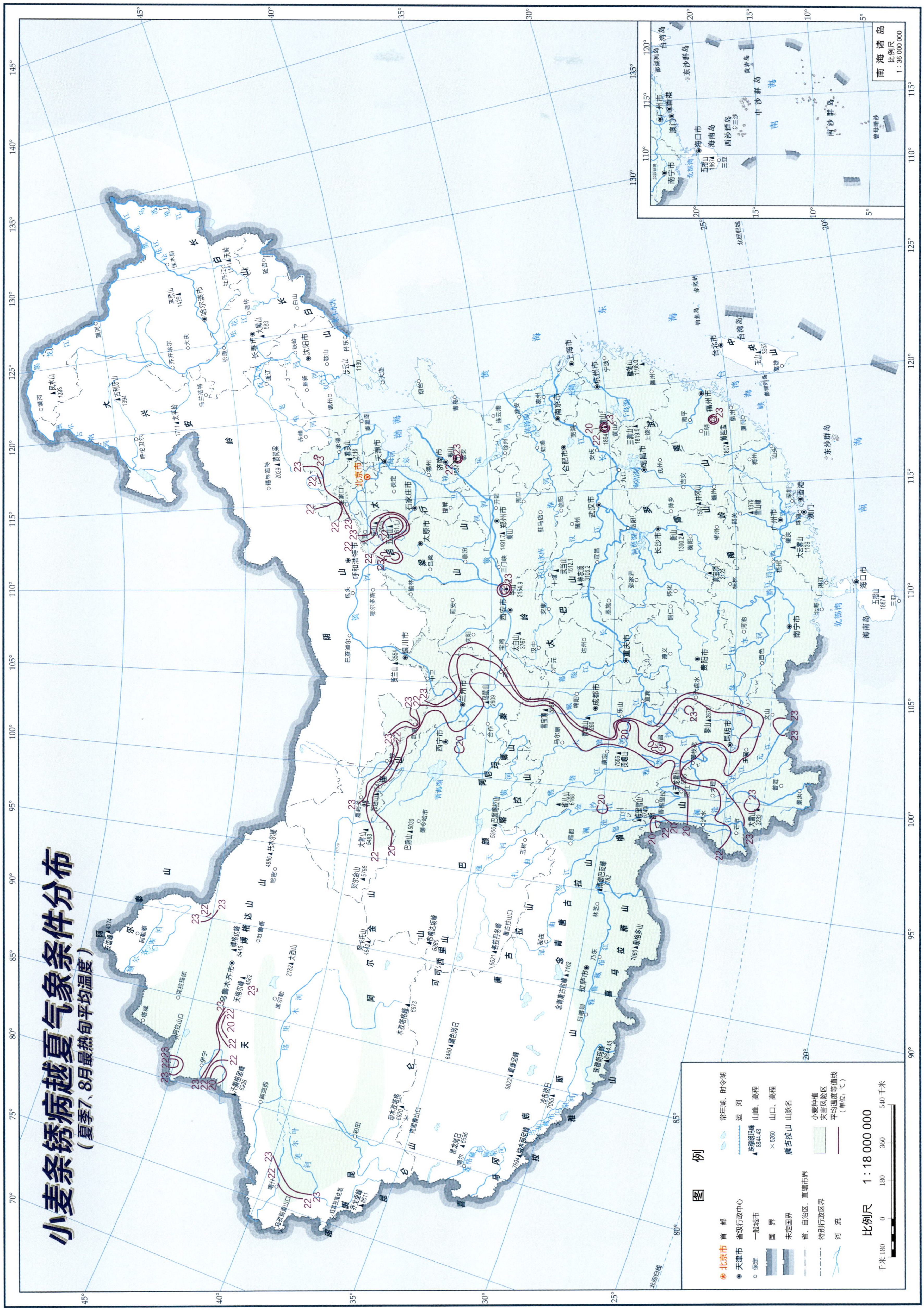
小麦条锈病越夏气象条件分布
（夏季7、8月最热旬平均温度）
图例
北京市 首都
天津市 省级行政中心
保定 一般城市
国界
未定国界
省、自治区、直辖市界
特别行政区界
河流
常年湖、时令湖
运河
珠穆朗玛峰 8844.43 山峰、高程
×5260 山口、高程
唐古拉山 山脉名
小麦种植灾害风险区
平均温度等值线（单位：℃）
比例尺 1:18 000 000
南海诸岛
比例尺 1:36 000 000

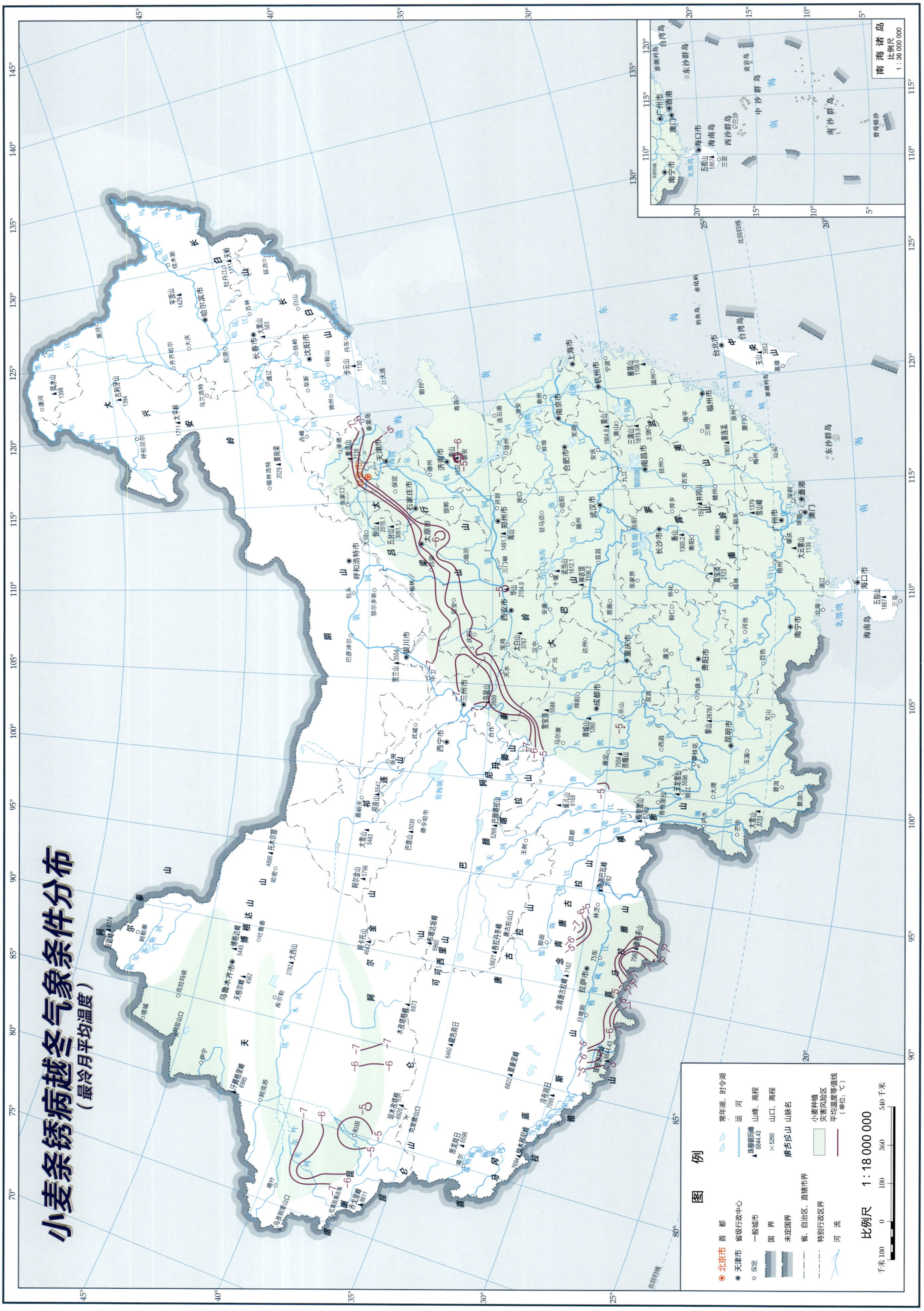
小麦条锈病越冬气象条件分布
(最冷月平均温度)
图 例
北京市 首 都
天津市 省级行政中心
保定 一般城市
国 界
未定国界
省、自治区、直辖市界
特别行政区界
河 流
常年湖、时令湖
运 河
珠穆朗玛峰 8844.43 山峰、高程
×5260 山口、高程
唐古拉山 山脉名
小麦种植 灾害风险区
平均温度等值线 (单位：℃)
比例尺 1：18 000 000
南 海 诸 岛
比例尺 1：36 000 000

小麦条锈病关键期发生气象条件分布

（关键期日平均温度9—20℃且日降水量>0.5毫米的日数）

小麦赤霉病发生气象条件分布

（抽穗开花至灌浆期日平均温度≥15℃的雨日数）

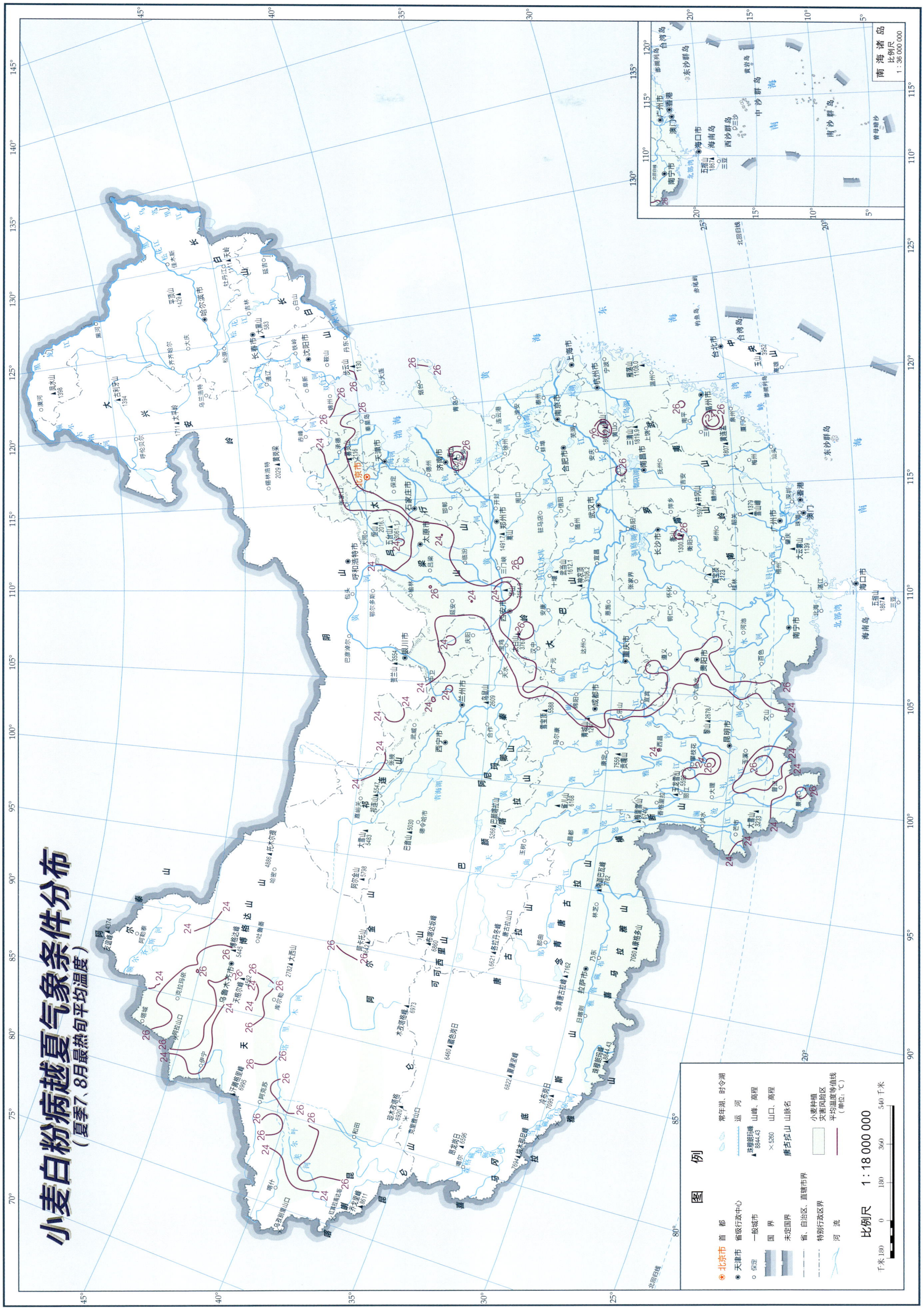
小麦白粉病越夏气象条件分布
（夏季7、8月最热旬平均温度）
图例
北京市 首都
天津市 省级行政中心
保定 一般城市
国界
未定国界
省、自治区、直辖市界
特别行政区界
河流
常年湖、时令湖
运河
珠穆朗玛峰 8844.43 山峰、高程
山口、高程
唐古拉山 山脉名
小麦种植灾害风险区
平均温度等值线（单位：℃）
比例尺 1:18 000 000
南海诸岛
比例尺 1:36 000 000

小麦白粉病关键期发生气象条件分布
（关键期日平均温度10—24℃且日降水量<25毫米的雨日数）
图 例
北京市 首 都
天津市 省级行政中心
保定 一般城市
国 界
未定国界
省、自治区、直辖市界
特别行政区界
河 流
常年湖、时令湖
运 河
珠穆朗玛峰 8844.43 山峰、高程
×5260 山口、高程
唐古拉山 山脉名
日数等值线（单位：日）
比例尺 1：18 000 000
南海诸岛
比例尺 1：36 000 000

小麦麦蚜关键期发生气象条件分布
（关键期日平均温度12—22°C日平均相对湿度<70%的日数）

春玉米玉米螟发生气象条件分布

（日平均温度20—28℃且平均相对湿度70%—100%的日数）

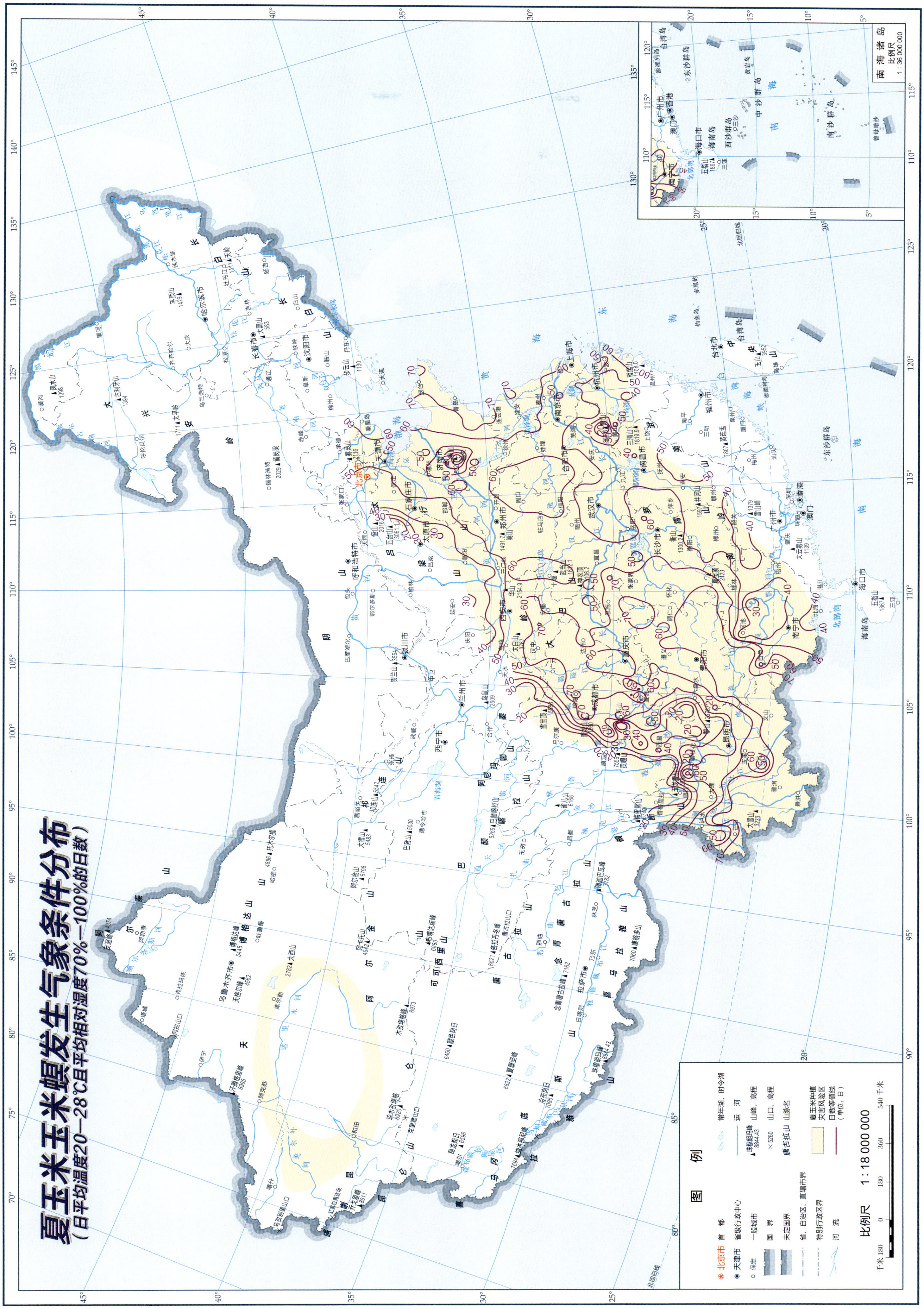
夏玉米玉米螟发生气象条件分布
（日平均温度20—28℃日平均相对湿度70%—100%的日数）
南海诸岛
比例尺 1：36 000 000
图　例
北京市　首　都
天津市　省级行政中心
一般城市
国　界
未定国界
省、自治区、直辖市界
特别行政区界
河　流
常年湖、时令湖
运　河
山峰、高程
山口、高程
山脉名
夏玉米种植灾害风险区
日数等值线（单位：日）
比例尺　1：18 000 000
千米

北方大豆食心虫发生气象条件分布
（日平均温度20—30℃且平均相对湿度70%—100%的日数）

棉花枯萎病发生气象条件分布

（日平均温度20—28℃的雨日数）

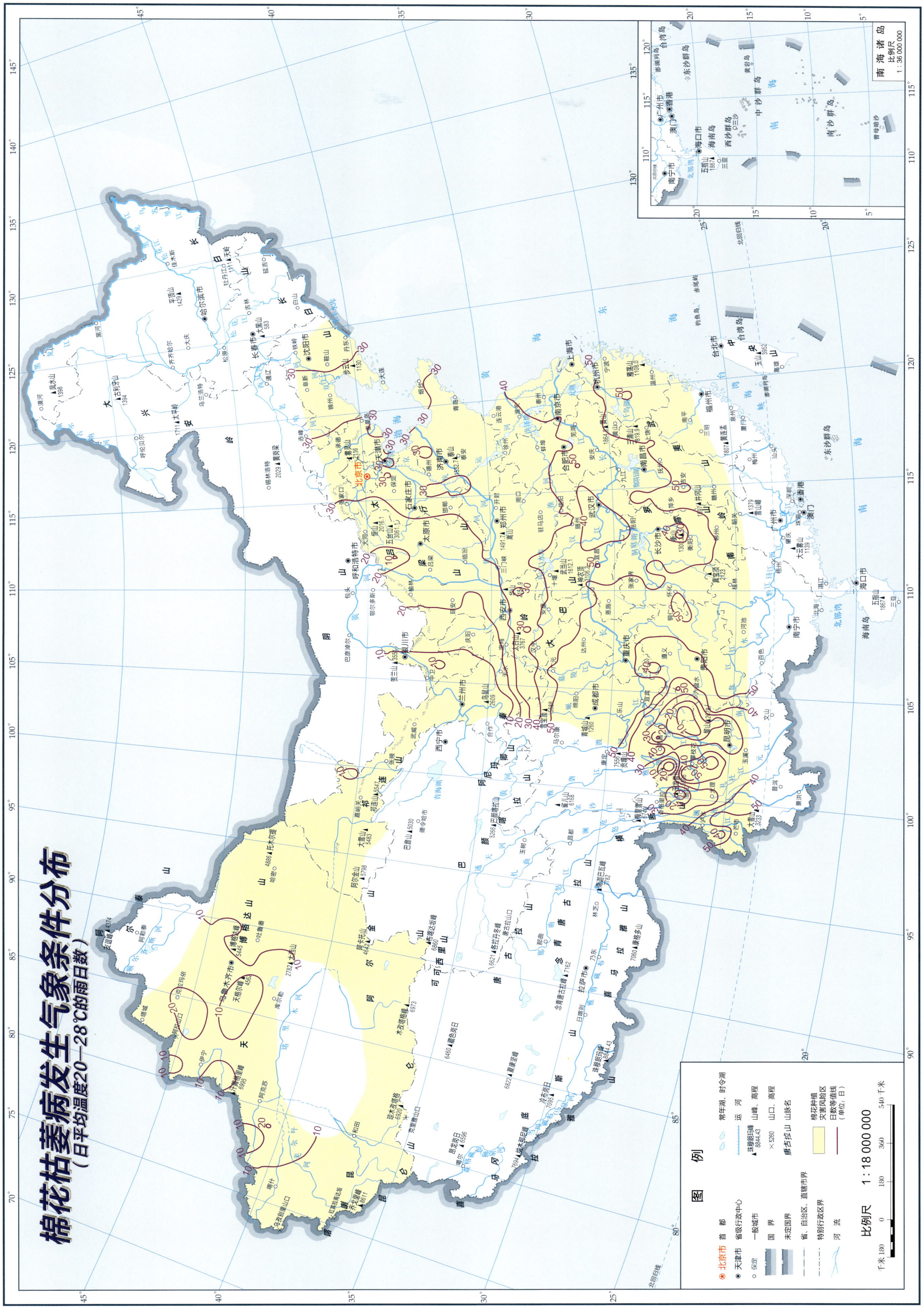

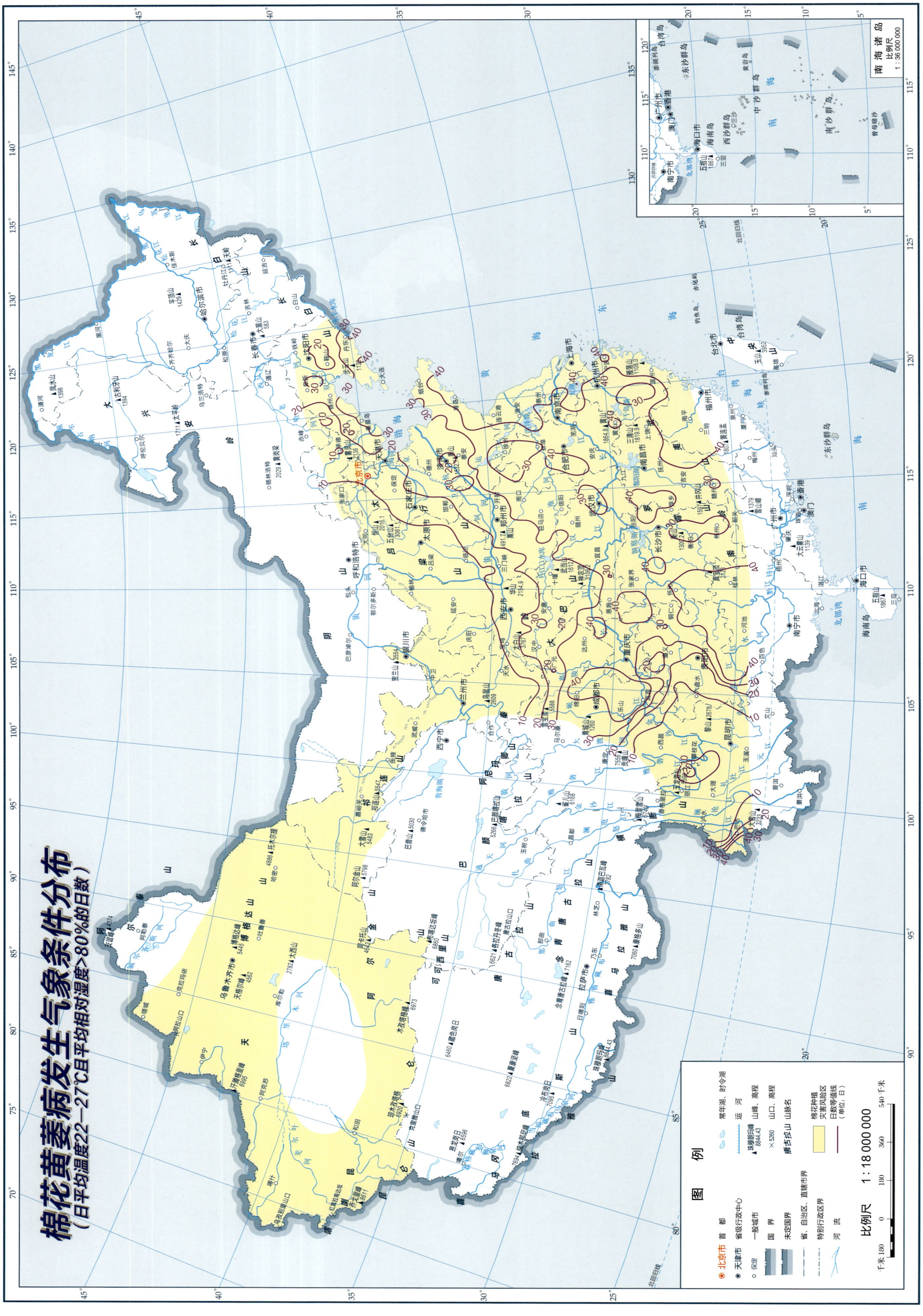
棉花黄萎病发生气象条件分布
（日平均温度22－27℃日平均相对湿度>80%的日数）
图 例
北京市 首 都
天津市 省级行政中心
保定 一般城市
国 界
未定国界
省、自治区、直辖市界
特别行政区界
河 流
常年湖、时令湖
运 河
珠穆朗玛峰 8844.43 山峰、高程
×5260 山口、高程
唐古拉山 山脉名
棉花种植 灾害风险区
日数等值线 （单位：日）
比例尺 1：18 000 000
千米 180 0 180 360 540 千米
南海诸岛
比例尺 1：36 000 000

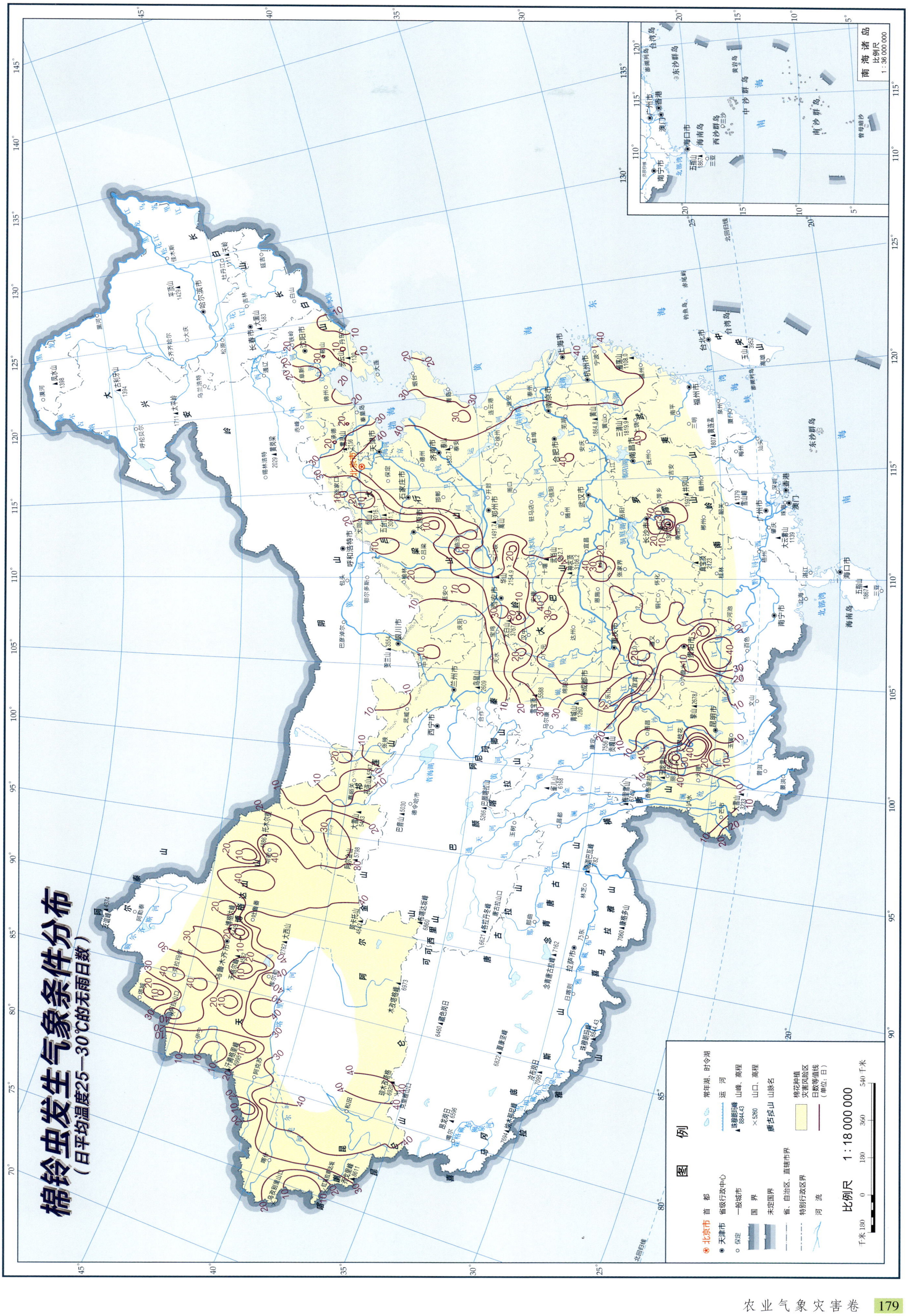
棉铃虫发生气象条件分布
（日平均温度25—30℃的无雨日数）
南海诸岛
比例尺 1 : 36 000 000
图 例
北京市 首 都
天津市 省级行政中心
保定 一般城市
国 界
未定国界
省、自治区、直辖市界
特别行政区界
河 流
常年湖、时令湖
运 河
珠穆朗玛峰 8844.43 山峰、高程
山口、高程
唐古拉山 山脉名
棉花种植灾害风险区
日数等值线（单位：日）
比例尺 1 : 18 000 000

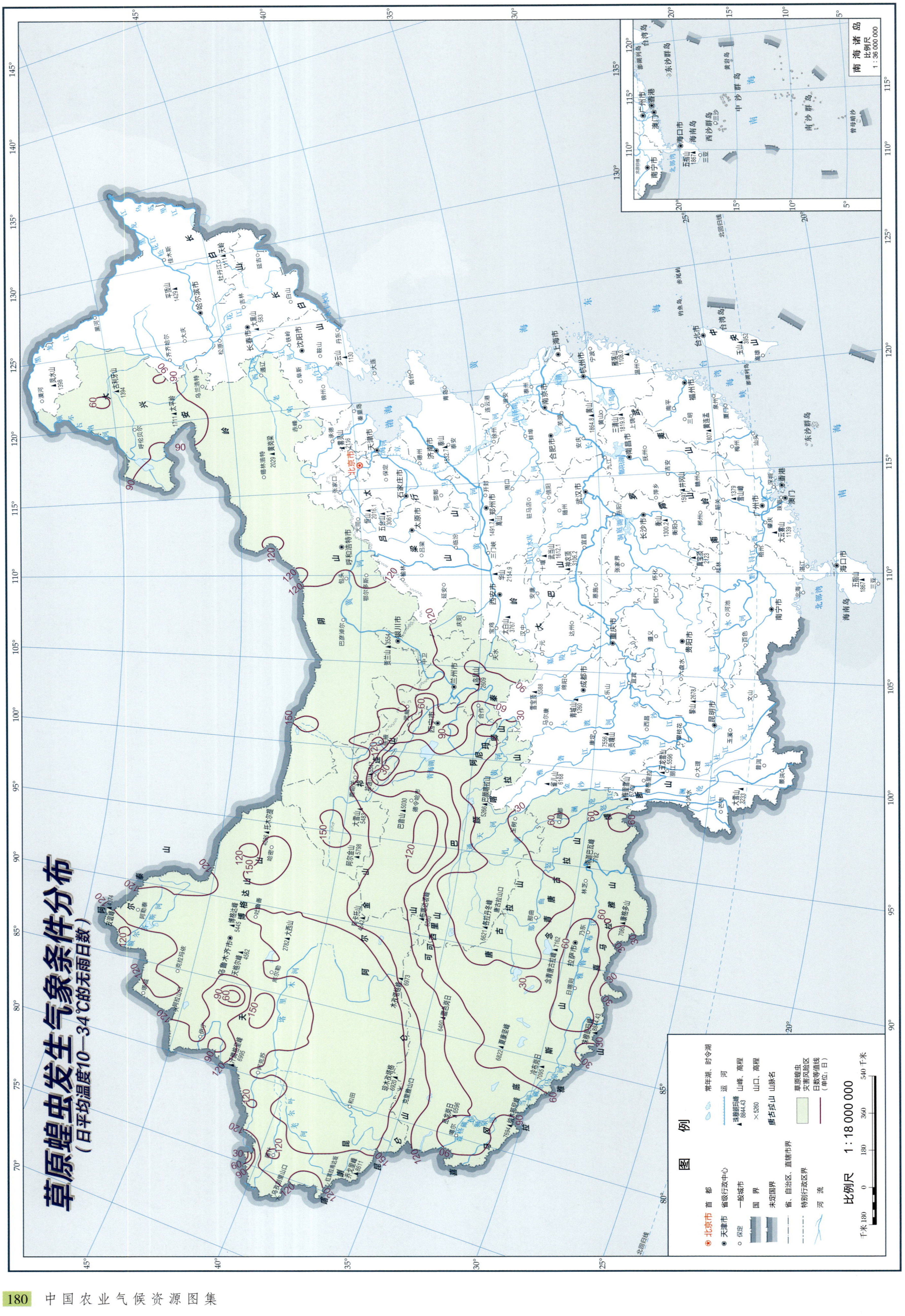
草原蝗虫发生气象条件分布
（日平均温度10—34℃的无雨日数）
图例
北京市 首都
天津市 省级行政中心
保定 一般城市
国界
未定国界
省、自治区、直辖市界
特别行政区界
河流
常年湖、时令湖
运河
珠穆朗玛峰 8844.43 山峰、高程
×5260 山口、高程
唐古拉山 山脉名
草原蝗虫灾害风险区
日数等值线（单位：日）
比例尺 1：18 000 000
南海诸岛
比例尺 1：36 000 000